U0332618

茶日子

李启彰 著

九州出版社
JIUZHOU PRESS

图书在版编目（CIP）数据

茶日子 / 李启彰著. -- 北京 : 九州出版社，2024.
9. -- ISBN 978-7-5225-3221-9

Ⅰ. TS971.21

中国国家版本馆CIP数据核字第2024EJ9955号

著作权合同登记号：图字01-2024-4387

茶日子

作　　者　李启彰　著
选题策划　于善伟
责任编辑　于善伟
封面设计　吕彦秋
出版发行　九州出版社
地　　址　北京市西城区阜外大街甲35号（100037）
发行电话　(010) 68992190/3/5/6
网　　址　www.jiuzhoupress.com
印　　刷　鑫艺佳利（天津）印刷有限公司
开　　本　880毫米×1230毫米　32开
印　　张　10.25
字　　数　220千字
版　　次　2024年10月第1版
印　　次　2024年10月第1次印刷
书　　号　ISBN 978-7-5225-3221-9
定　　价　88.00元

喝一口干净的茶，比喝一口好喝的茶来得重要！

　　《茶日子》自2014年出版至今，我走遍全国各大城市，倡导如何喝一口干净的茶。作为市场在茶叶中农残议题的吹哨者，庆幸着这一路走来并不孤独。面对不少类似我在重庆西南大学演讲时的一位大学生，不可置信地问："难道不是所有的茶叶都是安全的吗？"我反复以理性与感性并行的方式，自科学解构到如何以体感鉴别茶叶的安全性，希望能分享一个所有人可以重复实践的方法。这些年来读者对此书的心得反馈与追加的问号，是我这次改版的滥觞。

　　2016年始，我以"觉知饮茶"为题开班授课，在安全饮茶的基础上，深探静坐与觉知力开发的关系。透过觉知力的细化与这些年来品茶经验的积累，佐以教学内容为补充，我大幅增删《以身品茶》这一章，期望系统性地介绍辨识安全茶叶的要旨。尤其在饮水线[1]上的喉、胸、胃到脑的几个关键点，做出更明确的梳理与经验的分享。并对大众关切的话题，包括醉茶、隔夜茶、脂溶性与水溶性农药的比较等，提出全新的解读。

此次新版《茶日子》更借由内观的深化，增添了两个新章节《品味茶中的天、地、人》及《与树沟通》。《品味茶中的天、地、人》探讨了以茶为名义的修行方式，以能喝出多少茶叶问题是来自天，例如干旱；多少问题来自地，例如农残；多少问题来自人，例如工艺，来作为个人之天人合一程度的指标。一片茶叶里浓缩了茶树生长的一年间，所收受天气、地利、工艺等的信息，如果饮茶者能完全感同身受，则是天人合一的完美实践。《与树沟通》则在精进了与万物沟通的能力后，借由武夷山的茶园协同众人展开了一场与茶树的心灵对话。

在旧版《茶日子》中，我构建了理性与感性的内容比例各占50%。作为物理系毕业生而言，逻辑明晰与科学求证是我上半辈子的信条。不意越深入茶的内质的今日，越发现科学能解释茶的理性比例，随着觉知力提升而递减。然而无论如何，不管下半辈子茶将引领我进入怎样的秘境，我仍希望大家都能：

喝一口干净的茶。

1　饮水线：作者自行定义的名词。指的是人在喝水时，饮入的水会自喉咙进入身体，经过胸口到胃这三个主要的部位。

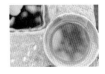

开门见茶

根据国际茶叶委员会（ITC）统计，2020年世界茶园面积再创历史新高，达到509.8万公顷。在2011—2020年的十年间，世界茶叶种植面积增长了125.8万公顷（表1），十年增幅高达32.8%，年平均复合增长率达3.2%。

表1　2011–2020年世界茶叶种植面积

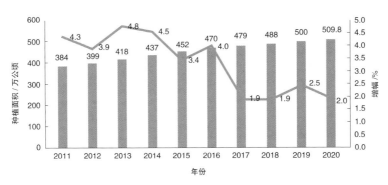

（数据来源：国际茶叶委员会）

台茶的产量自 1973 年起，整体呈现大方向上的逐年衰退，2017 年的产量是 1.34 万吨，而 2017 年进口量为 3.2 万吨，大约比自己的产量多出 1.86 万吨（表 2）。

表 2　1973—2017 年台湾茶叶生产及进出口之变化

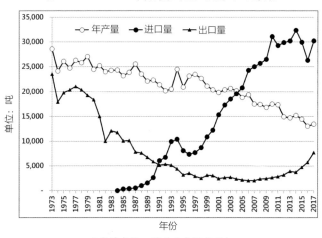

（资料来源：茶业改良场整理）

台湾这个充满创意与激情的地方，除了发明扬名国际的珍珠奶茶外，各式茶饮连锁店如雨后春笋般乍现，每一年都有许多新品牌加入"战场"；近年来在台湾各种茶会的形式，与音乐的结合，与香道的共鸣，与剧场的激荡，等等，如行云流水，从不止歇。

知茶境——从身而起

这一切的一切，只围绕一个主体转：茶。待铅华洗尽，我们要面对的仍然是茶的本质。这一杯茶，怎么喝。

品茶分为口、韵、身、心的四个品茶进阶。

一杯茶，有的人为了解渴而喝，不识滋味；有的人喝得两腋生风，羽化成仙；有的人说茶水太深，不得其门而入。我希望先从人体的生理结构着手，分析舌头、口鼻腔、神经系统中，所有人都有的共通性。希望喝茶不再是一件很玄乎的事，因为每个人的生理结构都一样，只是闻道有先后。再从共通性中，依个人敏感度与学习兴趣的不同，分享可以练习与精进的方向。

口、韵、身、心，是我归纳整理出来的四个品茶的进阶，它们恰恰印证了我比对古人与现代人饮茶境界的异同。随着现今茶饮的普及，越来越多的人对茶充满好奇与疑问；也随着我们所处环境的日益复杂，食品安全的疑虑挥之不去。我参考了中医与西医的视角，试图给予爱茶人一个更为全面的观点。

◀ 识茶趣——言茶七谈 ▶

本书在引论《开门见茶》之后，自第一谈到第四谈，叙述品茶的四个阶段：口、韵、身、心。

第一谈"以口品茶"，自舌头的生理结构，剖析可以品尝到的甜、苦、酸、咸、鲜味的味觉分布，进而发挥味觉对茶味的辨别能力。

第二谈"以韵品茶"，将韵的感受以口腔与鼻腔的生理结构解构，引导如何以立体化的感知，来判读一款茶的层次感。

第三谈"以身品茶"，从气、经脉、神经系统来分析人体对农药残留的感应与锁喉等生理现象。气，自古以来就常常在各种典籍中被探讨，然而近代西医仍抱持不同的观点。我引用了美国约翰霍普金斯大学生物物理学博士王唯工教授在《气的乐章》中，以科学方式分析经脉的理论为依据。

而在这个农药普遍施用在农作物上的今天，农药残留是否超标，成为爱茶人最关切的议题之一。怎么分辨农药残留在口中与身体的感觉？我整理了台湾各大医院农药中毒、神经系统症状的研究资料，与在上百场茶会与茶友交流的经验，希望可以在交叉比对中，提供出一个足以参考的经验值。

第四谈"以心品茶"，是书中所探讨品茶的最高境界。我以在禅宗内观呼吸的经验，希望提供有志于修身养性的爱茶人一个入门的指引，并能因此而进入茶禅一味的殿堂。

中国历代的茶叶诗词，据估计唐代约有五百首，宋代多达一千首，再加上金、元、明、清至近代，总数约在两千首之上。文字往往是作者内心世界最忠实的表现，而作者品茶的功力，从诗词上更是一览无遗。我从中精选了与品茶相关的六首，与口、韵、身、心四个品茶的境界作出对照与分析。

品茶四阶段完成后，进入第五谈"侘寂"，是日本茶道的精髓，也是日本生活态度与美学的内在修为。本章节中分析日本茶道的衍化，并分享我对茶之侘寂的三个追求：一是自然，二是残缺美，三是养身先养心。

第六谈"品味茶中的天、地、人"，探究的是更深层的自我内在与品茶的关系，也是一条以茶为名的修行之路。当心灵修炼到无限靠近自然之后，茶中所携带的天气、土壤、人心的信息将一览无遗。

第七谈"与树沟通"，记录了我在武夷山开设茶游学课程时，透过对比喷洒农药的惯行农法与有机农法下，茶树所呈现出完全不同的生理与心理状态。在学员们触摸着茶树，打开心扉与茶树进行对话时，心里所得到的感动与震撼，理解到原来万物皆有灵并非空话。

最后则以"一杯茶的大同世界"来做结尾，这是身为一位爱茶人的终极理想，希望透过一杯茶，将所有爱茶人对地球的善心串接起来。

第一谈 ————————————————————————————————————

在以口品茶中，最重要的技巧就是忠于自己，因为味觉好坏的判别，取决于个人，可谓青菜萝卜各有所好。对于基本味觉中的苦、甜、酸，每个人偏好不同，而鲜味的判断，更属于个人主见以及对整体美味的要求，也牵涉个人儿时对味觉的记忆。

以口品茶

味觉分析——舌头的生理构造

　　我们人体的舌头由肌肉构成，表面则由黏膜覆盖。舌上有4600种味蕾，那是接受味觉刺激的感受器（图一），分布在舌头的表面，再经由底端神经纤维将口中味觉信息传入大脑。西方的专家在传统认知上，认为味觉是由四种味道所组成（图二），分别为甜、苦、酸、咸。

　　一般人在舌尖较易感觉到甜，舌根较易感觉到苦，在舌头两侧靠近前端部分，较易感觉到咸；而在舌头两侧中间较易感觉到酸。然而，主要味觉除了大家所熟知的甜、苦、酸、咸外，还有一个味觉则是鲜味（Umami Taste）。鲜味最早在1908年由日本教授池田所提出，而后在1985年国际医学会议上，正式被官方认可为第五种味觉。

　　鲜味虽然在生理学上有较为严谨的定义，但日常生活中，鲜味的意思是指好味道。它是一种综合指数，包括咀嚼时的口感、愉悦感、四周的环境氛围等，都会影响到对鲜味的评价。在日本美食节目中常看到主持人在美食入口后，不管是否真的好吃，一定带

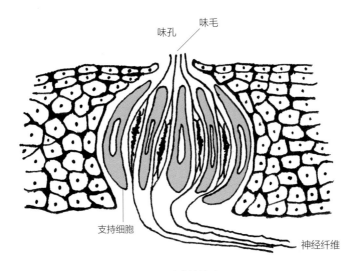

图一　味蕾的构造

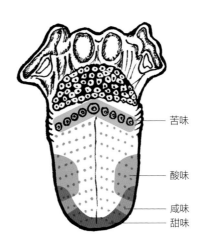

图二　舌上传统味觉的分布图

着夸张的表情，用煽情的语气大声说"Umai……Umai！"就是生怕观众没法和他们一起入戏。

这个 Umai，就是"好吃"的意思。鲜味在品茶中有一个重要的地位，让我们回归到对味觉最自然而真实的态度，就是你觉得好的味道，对你才是真的鲜味。有很多人喜欢重口味或者某种特定口感表现的茶，才觉得是好茶。我们可以在下次品茶的时候，找一位小朋友试喝口茶，不要以为他们年纪小不懂，其实小朋友觉得好喝的才是真的好茶。因为小孩子的味蕾没有受到太多成人习惯的食物添加剂影响，最能明确回应一款茶的原始滋味。

◀ 苦、甜、酸味 ▶

除去咸味，并不是茶该表现的味觉外，苦、甜、酸，都是茶叶味觉的特性。我们所谓的"不苦不涩不是茶"中的苦，指的是茶叶中含有茶碱所导致的苦。然而带苦的茶如果能有"苦尽甘来"的效果，苦能化开达到回甘，则仍是一款表现极佳的茶。甚至在存放为老茶时，苦还可能增加茶汤的醇厚度。

另外，有部分茶友喜欢苦味，认为苦味是茶基本的味道。酸，在红茶中属于普遍的味道。因为发酵本身是一种腐烂的过程，红茶是全发酵，而酸腐同家，所以发酵重会引起酸味。尤其在高温冲泡的情况下，红茶的酸会表现得更加明显。而乌龙茶中，发酵度比较高的茶叶，也符合上述的特性。再如武夷山的武夷岩茶，有一个独特的武夷酸，成为岩茶种类的特性之一。

甜，是许多茶客追求的，因为甜味能带来心情的愉悦，尤其是非化学添加或非来自肥料的自然甜味，那种甜而不腻的滋味，令人心旷神怡。相当比例的纯野生茶，会有一种自然的甜味，这样的甜入口即化，不张扬且舒心，让人印象深刻。

生津

口腔的唾液腺共有三对（图三），第一对是在舌头正下方的舌下腺，舌下腺孔是外露的，在舌头向上卷起时露出，但肉眼不易分辨。第二对是颌下线，颌下线在舌下腺的下方，是长在肉里头的。第三对是腮下腺，腮下腺在耳下两腮的部位。

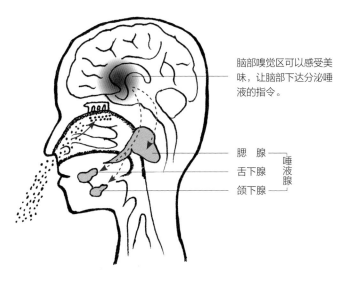

脑部嗅觉区可以感受美味，让脑部下达分泌唾液的指令。

腮　腺 ——｜
舌下腺 —— 唾液腺
颌下腺 ——｜

图三　唾液腺的分布

我们常说的"望梅止渴"，是借由视觉的刺激，让我们回忆起并模拟吃梅子的经验，而由大脑下达指令让唾液腺分泌唾液。在我们闻到美味的食物时，也有同样的反应，由脑部的嗅觉区接受美味的信号，然后由脑部下达指令分泌唾液。

品茶时的生津，也是基于类似的道理。与"望梅止渴"和闻到美食的状况相似，只有好茶，会让我们的大脑产生愉悦，并刺激唾液腺分泌唾液。我曾经喝到过一款 20 世纪 70 年代台湾的老铁观音，明明嘴里的味道略苦带酸，不是我在茶里头喜欢的滋味，结果口水却拼命地流。我仔细观察，居然三组唾液腺都溃堤了，而紧接着润滑舌上的味蕾，将原来的苦与酸转甘，实在是款奇特表现的茶。生津，虽然不是唯一，但却是一项可以参考并判断是否是好茶的因素。

胶质

新茶的叶片如果肥厚，表示内质丰富；树龄百年以上的茶树、或存放较久的老茶内质佳并存放得宜，会在舌面上产生胶质。胶质的口感浓稠，如同长时间煲汤之高汤的表现。不过每位茶友对茶叶喜好的重点不同，例如特别喜欢像是花香、果香香气的人，当遇见香气与胶质不能两全时，就可能侧重香气。但如果一款茶能出现胶质，确实是茶在口腔的表现中一项好茶的判断标准。

涩味

　　饮茶时候的涩味，如同辣味一般，并不属于传统味觉的一部分。辣，是因为刺激到味觉接收器所相连的纤维神经，使神经因为刺激，产生像是痛的感觉。涩味也类似，产生了类似痛的感觉，虽然程度和状况与辣并不相同。

　　涩味会在口腔黏膜，可能是在舌头中间、两侧，或是影响上颚或喉咙而引起一种微苦或粗糙的感觉。所谓"不苦不涩不是茶"在涩的部分，指的是茶内含的茶多酚会导致涩。而涩，虽并非每款茶都会有涩味，但在部分新茶中的确较为明显。品茶中涩的判准，是如果涩能在短时间化开，则依然能称得上一款好茶。主要是因为，如果这款茶的美味程度能刺激大脑，使唾液腺分泌唾液，让黏膜的粗糙感滋润得到适度，则涩感便很快会褪去，仍能品到一款茶的其他优点。

如何以口品茶

口品第一式 让茶汤在口腔内打转

传统的老茶客喜欢以类似漱口的方式，将茶汤在口中翻搅，原意是将茶汤以不同的厚薄，平均分布于口中。好的茶，因为茶汤的厚与薄，在舌面上的味觉会有所变化。但是传统的漱口方式，会发出太大的声响，在今天国际化越来越普遍的情况下，茶席上有外宾出席也司空见惯，发出声音会比较尴尬。

有一次我带一位对中国茶有兴趣的德国朋友参加一场茶会，邻座的茶客习惯性地以漱口法饮茶。我观察到德国友人刚开始每听到一次漱口声音，表情就有点怪异。茶会后我与他聊到此事，他表示一向尊重不同文化的他，刚听到这么大的声音时，还是不太习惯。保留漱口的原理，啜口茶后不立即吞下，以不打扰旁人、不发出声音的方式，让茶汤在口腔中来回游走，制造不同的厚薄，使得舌面在茶汤不同厚度时感受到不同的味觉。

其实在以口品茶中，最重要的技巧就是忠于自己，因为味觉好坏的判别，取决于个人，可谓青菜萝卜各有所好。 对于基本味觉中的苦、甜、酸，每个人偏好不同，而鲜味的判断，更属于个人主见以及对整体美味的要求，也牵涉个人儿时对味觉的记忆。小时候回忆里所怀念的味觉，往往左右现在的偏好；而现在的饮食习惯，口味偏重或清淡，都影响着对茶的觉知。

我有位潮州的朋友，小时候家里穷没有零食，所以看到路上腰果车经过，一定在后面追着跑。 因为腰果车边开，会一边掉出腰果仁。 几个小朋友一边追，一边吃，一边闹，成为童年欢乐的一幅画面。 到了今天，他只要见到和腰果相关的食物或物品，就有莫名的冲动，包括各类腰果点心；所以说味觉就像个人生活信息的接收站，能沉淀各自的感受与记忆。 以口品茶中，最值得留心的，就是一款好茶，在口中茶汤的厚薄，的确会在舌头各个部位，形成不同层次的变化。

口品第二式 吞咽是否滑顺

我小时候感冒吞药片，最怕药卡在喉咙，不管灌多少开水，药片都不肯下去，结果满嘴苦味，欲哭无泪。 那时候真希望有个溜滑梯一般的喉咙，只要一张口，药片就掉入肚子里了。

喝茶也很类似，茶叶饮入口中之后，感受茶叶在入口时是否滑顺，吞咽容易。 然后在饮茶后吞咽口水，同步感受口水在吞咽时的滑顺度。 如果滑顺，则有两个原因：一是胶质，二是生津。 胶质丰厚的茶汤，润滑的效果显著，可以轻易感受到吞咽容易；而生

胶质丰厚的茶汤，润滑效果显著，
可以轻易感受到吞咽容易。

津，则是唾液腺的三组中，一组或多组受到刺激产生唾液，达到滑
顺的效果。 饮茶后吞咽口水，能更进一步确认茶汤滑顺的程度，
与滑顺的持久度。

曾经在中国火红的词汇"土豪"，有一个令人莞尔的形容：从
戴金链子变成戴佛珠；从点藏香变成闻沉香；从喝茅台变成喝茶；
从西装领带变成麻衣布鞋；从搓麻将变成茶会雅集；从开奔驰变成
骑单车；从买油画变成收唐卡；从狐群狗党变成 EMBA 同学会。
承蒙土豪们看得起，喝茶居然成为八项土豪进化工具中的其中二项，分量之重令人意外。

我在中国接触的人群多在 35~60 岁之间，他们前半辈子在改革开放的历史机遇下努力，有的牺牲健康，有的牺牲家庭，有的牺牲尊严。但是换得了事业、房产与名声，不少人功成名就。该有的都有了，还缺什么呢？喝茶既可以养生，又能接触陶瓷书画、文物雅集，可谓养心又养性，也难怪土豪们趋之若鹜。

但是喝茶容易，品茶难。要让喝茅台的一下子喝起茶来，土豪们就开始拼命在味觉上打转。喝茶光选重口味的，重烘焙、重发酵的成为最爱；熟普、炭焙的武夷岩茶、传统炭焙铁观音，成了足以在味觉上和茅台匹配的茶品。刚开始喝到台湾高山茶时，都说太淡了没味道。近几年台茶的推广在大陆逐年迈开步伐，轻发酵但高品质的高山茶，已逐渐被市场所接受。

不过就巨大的市场而言，注重味觉的土豪们还是消费的主力。今年上武夷山时听说土豪们要求抽了雪茄后，还得要品出岩茶的味道，所以要求茶农加重烘焙。而我前几年在中国受邀协办的私人会所活动中，许多是酒会与茶会合办的形式。结果与会来宾都是喝得醉醺醺后，接着来参加茶会，主办单位还表示可以"以茶解酒"。我也遇过有自称懂茶的高手，向朋友推荐一口普洱、一口白酒的饮茶方法，说，这样才够给力！让我顿时无语。

以口品茶的乐与苦

　　身为繁忙的都市人，停下脚步，啜口茶，思考下一刻该何去何从。 茶，可以只为了解渴，也可以附庸风雅。 虽可到茶馆品茗，却不如在私人的办公或居家室内，建构一个属于自己的茶空间，来得更为随性。 可以很讲究茶的滋味，也可以只是享受有茶相伴的氛围，当作是冲泡一杯咖啡一样，只是多了一份古典的心情。 从最简单的茶杯到茶具组，再到茶席，最后依据个性成就一个独特的茶空间。

　　茶空间的构建可以一点一滴地堆叠，不疾不徐；每一件器物，都可以仔细品味，不论三五好友，甚或独自一人，一个属于自己的茶空间，映射着心中的净土。 在这个茶空间里，没有老板也没有店小二，随时开张也可以随时打烊；可以仅仅使用桌边一隅，也可以布置成一个茶室，外加一盆花，一幅挂轴，只为了成就一个新宇宙的诞生。

　　喝不同的茶叶搭配不同的茶壶，让茶器引导出最佳的滋味。这称之为"以器引茶"，是选择一把壶的首要要件。 再依不同的

一张简单的茶桌与随意的摆设，成就了一个别有风味的茶室。

不如在居家室内，建构一个属于自己的茶空间。

茶壶，搭配不同的茶杯。而不同大小的茶壶，除了搭配茶席上不同的人数外，倘若仅一二人品饮珍贵的茶叶时，最好随时准备一把特小壶。

品茗的空间中，一朵花，几片绿叶；甚至几根枯枝，一朵枯莲，搭配着恰如其分的花器，衬托着整体的氛围。都市人的生活空间，通常门帘紧闭，抑或窗外都市丛林，很少能有喘息的机会。所以插花在茶空间中，往往有着不可或缺的分量。花与花器的邂逅，无论是生花还是枯枝，都代表着花的新生，点缀着茶空间的生机。茶文化有着中国数千年的积累，传至日本，也受到千年追捧。充满禅意的茶桌与茶椅，也在茶空间的范畴里，成为不可或缺的配角。挂画的风行，被日本茶道发扬光大。啜一口茶，望一眼挂画，在心静的瞬间，随着字画进入了另一个冥想的世界。

以口品茶，可以不必很懂茶，只在乎自己的个性；可以不必尽管茶，只是尽情装点茶空间；可以不必很爱茶，只要投射情感到器物上。这是以口品茶的随性态度，自己说了算。但是在这个阶段，也有它的苦闷，因为很容易被味觉主导判断。

很多人喝到重口味的焙火茶，如传统木栅铁观音或武夷岩茶，甚至普洱熟茶后，就无法接受清香型的茶了。被重口味主导了喜好，如同爱吃辣椒的人，如果有一餐没有辣椒，好像少了什么似的。逐渐地，茶世界里口味越来越重，就再也没机会欣赏茶的不同面貌了。像是爱抽烟的人，往往从一天数根开始，最后一天两包还不过瘾。以口品茶的苦，不是口苦，而是再也回不去了！

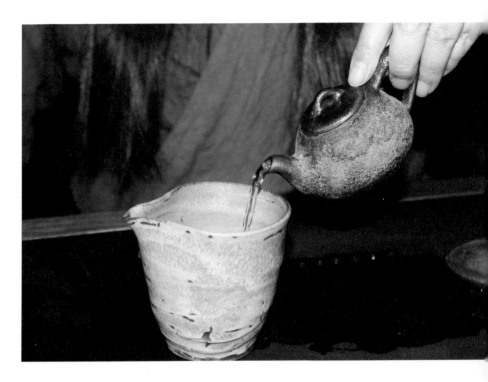

因为茶价日益高涨，最好随时准备一把特小壶或小盖碗。

盖碗是日常的必需品，尤其是在试不同款茶时，方便清理茶渣。

在品茗的空间中，一朵花、几片绿叶，搭配适合的花器，衬托出整体的氛围。

古诗词 与
以口品茶

与孟郊洛北野泉上煎茶

唐·刘言史

粉细越笋芽，野煎寒溪滨。

恐乖灵草性，触事皆手亲。

敲石取鲜火，撇泉避腥鳞。

荧荧爨风铛，拾得坠巢薪。

洁色既爽别，浮氲亦殷勤。

以兹委曲静，求得正味真。

宛如摘山时，自歠指下春。

湘瓷泛轻花，涤尽昏渴神。

此游惬醒趣，可以话高人。

| 诗境 |

　　这首诗是唐代诗人刘言史与好友孟郊，《游子吟》的作者在洛北
煎茶时写下的一首名诗。此诗详述这一趟茶之旅。原文旨意：

喝茶可以"涤尽昏渴神"是唐代诗人刘言史对于品茶的着墨。

　　将越笋芽磨成粉后，在洛北野泉上取溪水煎茶。怕惊动嫩芽灵性，一切抚触都亲力亲为；连敲石取火，都避开涌泉处以免惊扰游鱼。茶水的颜色逐渐变化着，氤氲之气慢慢上升。静静地等待，是为了求得茶的真味，就如同在山间采茶时的氛围。湘瓷的茶盏泛着茶花，一饮而尽可驱散昏渴。此行的煎茶之乐，可以与高人交流。

　　这首诗，传神地写出了煎茶之旅的游兴，将细致的过程娓娓道来，品茶的乐趣，正是在这一点一滴的欢愉时光。中国两千首与茶相关的诗词，大部分都叙述饮茶过程的点滴，是如何令作者难忘，因而提笔将未尽之意，以笔墨表彰。

　　除去环境的因素，包括煎茶前后生动的过程，刘言史对于品茶的着墨，体现在"求得正味真"与"涤尽昏渴神"两句。"求得正味真"透露了刘言史的追求；他显然阅茶资历丰富，对于什么是真正的滋味，心中有一把尺。而"涤尽昏渴神"，也代表驱逐瞌睡与解渴乃茶的主要功能。此诗勾勒了本章节所强调的"以口品茶"的范畴。

第二谈 ——————————————

如果一款茶能产生两种以上的气味，则有两组以上的气味形成空间感，这便是层次感。许多好茶有多层次的气味交替产生，因为茶中所含内质丰富，能产生多种层次的气味；有时候虽然只有一种气味，但是当茶汤在口中来回游走而厚薄不一时，也能产生不同的层次感，这表示这款单一气味的茶韵足够厚实。

以韵品茶

嗅觉分析——韵的感知层次

　　"韵"是一个非常个人的体验，从古至今的骚客文人，也都有自己独到的看法。今天冻顶乌龙之"喉韵"，安溪铁观音之"音韵"，普洱茶之"陈韵"，武夷岩茶的"岩韵"，岭头单丛之"蜜韵"，黄山毛峰之"冷韵"，西湖龙井之"雅韵"，也都有各自的解释。

　　也就是因为如此，一般茶友入门时莫衷一是，也会遇到无法自单一的法则去辨识一款茶韵好坏的困境。甚至，每一个茶区不同茶农对当地"韵"的解释也并不相同，例如武夷山岩茶的茶农们，对"岩韵"的定义就各有不同的看法，让一般外行人更容易雾里看花。我所秉持的想法是希望借由人体一致的生理特质，结合香气、滋味、层次感等众茶友对一款好茶的要求，以现代的观点定义一个可以普遍应用在形容各类茶叶的"韵"。

嗅觉的气味接收

所谓的"韵"，在生理学上是嗅觉的感知，加上回甘。嗅觉区是韵最重要的表现区域；茶的韵，在鼻腔中的层次感与空间感，程度上决定了一款茶的好坏。人有一千个嗅觉接收器，把不同的嗅觉接收器组合在一起，会辨识不同的气味。所以在一千个嗅觉接收器的排列组合下，会感知三千到一万种不同的气味，这也意味着嗅觉所感知的范围，比味觉来得大许多。

将鼻腔的嗅觉区（筛板）解构，发觉嗅觉信息的传导是三个层次的感知器所组成，先由嗅觉接收器接收信息，传递至嗅球，再到大脑的脑皮层（图四）。嗅觉接收器对于不同的香味，会有"专一性"，也就是说不同的气味，由不同组的嗅觉接收器接受，最后同一类型的气味，会汇聚到同一个嗅球。例如茉莉花香，是由感知茉莉花香的嗅觉接收器接受到信息，而汇聚至对应茉莉花香接收的嗅球，再传递到脑皮层产生茉莉花香的信号。

至于"专一性"，是因为每个嗅觉接收器可以探测到的气味数量有所限制，超过它的接收范围的，就必须由另一组嗅觉接收器接收，传递到另一个嗅球。而嗅球与嗅觉接收器的关系（图五），就如同传统肉粽的制作，每一个肉粽由一条绳子绑着，最后汇聚成一整挂的肉粽。正因为如此，嗅觉的感知，是以立体空间的形态呈现。所以茉莉花的香气，不会是一个点或一条线的表现，而是整个鼻腔都充满着花香的空间感。

◖ 嗅觉空间 ◗

　　一种气味，由一组嗅球与嗅觉接收器接收；而不同气味的出现，就由不同组来呈现。如果我们喝到一款茶，同时有一种花香与一种果香，则花香与果香，是由两组的嗅球与嗅觉接收器来表现，在鼻腔里，就有叠加的空间感。气味信号从嗅觉接收器，嗅球到脑皮层的传入模式都十分固定且精确，而同一种气味的化学分子也都一致。所以不同人对于相同气味的感觉很类似。茶友们在喝同一款茶的时候，不会有一个人只喝到茉莉花味，而另一个人却唯独喝到菊花味的误差。

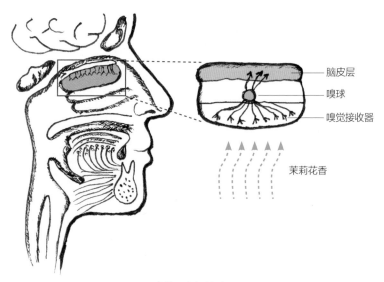

图四　嗅觉区空间关系图

嗅球

嗅觉接收器

图五　嗅球与嗅觉接收器意象图

　　嗅觉的空间感，由一位德国学者 Michael Damm 在 2002 年提出（图六）。 Damm 将鼻腔分为十一个区域，其中 B1 与 B3 的大小，对嗅觉有重大影响。 换句话说，这两个区域的体积，会影响嗅觉的灵敏度。 这进一步证实了嗅觉在生理上的空间意义，除了是抽象的"空间感"外，更因鼻腔中特定区域的实际空间大小，影响了嗅觉的敏感度。 空间感在品茶中的意义，在于从舌面的平面层次，拉升至口鼻腔的立体层次。 而立体层次的进一步感知，则依靠呼吸那一呼一吸的带动。

　　对嗅觉空间感的认识，也可以升华初入门茶友对于"香味"的认知。 例如金萱的奶香，由于很多人喜欢金萱的奶香味，茶行也会强调奶香明显的才是高档的金萱，最后在市场的炒作下，部分茶商与茶农为了迎合大众的口味，开始将化学奶香掺入茶叶中，然后告诉刚接触茶叶的茶友，好的金萱就是奶香味重。

　　再如今天安溪的铁观音，曾经一度追求如绿茶般的鲜爽青味，

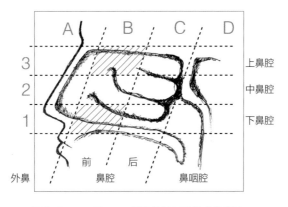

图六 Michael Damm 鼻腔解剖与嗅觉功能分区

加上它有绿茶般只能泡三泡就没味道的特性，让部分茶商有机可乘，在茶叶中直接加入香精替代制作过程提香的技法，或者以质量较差的茶青混入香精调味。因为香精可以持续大约两泡，消费者也不会太在意，反正铁观音三泡也就没味道了。

但是，只要是化学的调味，一定没有层次的变化，通常只能显现单一的香气，这也是为什么我要强调类似"肉粽"的嗅觉结构。一挂肉粽，代表一个单一香气的表现。目前市场上还没有化学香精可以做到，一挂肉粽是花香，一挂肉粽是果香，进到我们的嗅觉系统还可以让我们产生层次感的能力。有茶友可能想问，那不是同时加入花香与果香的香精，就能产生两种香气了吗？如果茶友到了能清楚分辨什么是花香与果香的阶段，自然有能力分辨自然与化学的气味，商人在这个部分的着力点不大，还是早些提升自己的品茶能力重要。

"不要问"的品茶迷思

　　我在入茶道的初期，去前辈们那里喝茶时，最怕被告知要自己喝，自己找感觉，不要问。问题是，不问我哪知道呢？喝茶又不是与生俱来的本能。直到今天，这仍然是不少老前辈的方式。

　　有一次我到新北市拜访一位茶界前辈，他的侄子在沏茶。与前辈聊着聊着聊到当季的大禹岭高山韵有什么优缺，突然侄子开口问我什么是高山韵。我先是一惊，你……不是前辈的侄子吗？随后前辈补上一句"要自己去喝，不要用问的"，我更无语了。现在我开茶会，遇到新同学一定会着重引导，茶韵的美，需要带领。敏感度高的茶友，很快能进入状态，带走的是一辈子的享受；敏感度低的，可能是部分嗅觉钝化，或者敏感度尚未建立，可以透过练习补上不足之处。

呼吸与韵的关系

　　呼吸是人类最基本维生的生理运作，也是觉知韵的关键。鼻腔内由黏膜保护，必须维持在一定的湿度。吸气与呼气的过程中，部分气息会在鼻腔内形成漩涡气流渐次呼出，增加气流与鼻腔黏膜的接触机会。而品茶时，一款好茶，会在口腔与鼻腔形成一层薄膜。不仅在舌面，也在上颚，与鼻腔的四周形成一层带有茶味的薄膜。经由呼吸的带动，漩涡气流将茶的香气立体化，茶的香气，充满 Michael Damm 所定义的 B1 与 B3 的重点区域，也在鼻腔的嗅觉区（筛板）发挥作用之下，让口腔与鼻腔的空间里，满满都是品茶中的重点：韵。

　　一款好茶在口腔与鼻腔所生成的薄膜，会持续喝了许多泡后还不散去，代表这款茶在泡了许多泡之后产生薄膜的能力仍强。而茶友在喝茶后开口说话的同时，会感受到满口尽是茶所带来的芳香。在一呼一吸的节奏中，都感知到茶香的悠远。"品"在高端的饮料中，是一个人们追求的境界。品酒，品咖啡，品茶，都脱离不了将液体饮入口中，在口腔壁形成薄膜后，以呼吸的方式，让漩涡气流摩擦薄膜带出香气，成就韵的表现。品香，则比较直接，是气体带着香气透过鼻腔，直接进入到脑进行品赏。

记忆的训练

　　有此一说，是人对气味的记忆十分牢固，可以长时间保存，远比视觉所引发的记忆来得更持久。而常发生在日常生活中的，是人在闻到某种气味时，会立刻回想到伴随这个气味存在的某年某月某天的一个场景，一切的记忆突然变得鲜明生动起来。

　　我在小学二年级的夏天，与一群同学在台北东区统领百货后面（现在是富庶的商业区）的空地上烤番薯。小朋友们有的找来木炭，有的搬来一堆枯枝木头，把番薯埋在泥土地底，点火，就这样DIY自助起窑炉来。等着等着，天都黑了，还不时翻开泥土捏下番薯看熟了没。后来越烤越香，越烤越香，等到不得不回家不然爸妈要骂人了，才匆匆翻土抢食大小块战果。虽然番薯仍是半生不熟，能吃的部分只有三分之一，但直到今天，只要闻到烤番薯的香味，当天的笑声、争食打闹的情景总是历历在目。

❨ 嗅觉记忆区 ❩

　　嗅觉与记忆的连结，有先天与后天两种特性。 先天是指出生时就与生俱来的嗅觉记忆，后天则是出生后在生活中学习到的相关记忆。 品茶是一种记忆的训练，在脑中对于气味数据库的建立。任何一款没有尝过的茶，都值得把握机会认识学习，并且与曾经喝过同类茶的口感比较并记录。 有些人先天的敏感度比较高，容易进入状态，其他人可以靠练习精进。

　　德国研究人员发现，脑中的嗅觉记忆区，与视觉记忆区有同步的现象。 当嗅觉捕捉到某种气味时，嗅觉记忆区会发出40赫兹[1]左右的振动频率；而视觉记忆区在见到某些场景时，同样会发出40赫兹左右的振动频率。 在进一步比对时，推测当人们闻到某种气味时，脑中会出现与此气味相关的场景画面。 这个研究结果，对于品茶也有实质的意义。

　　嗅觉的感知，能引发过去对于生活经验，或是内心世界中向往情境的投射。 所以一款好茶，经由嗅觉的启发，可以引领人们在脑中呈现一幅愉悦的画面，进阶到下一个品茶的境界。

1　赫兹：频率的单位。

辨识高山韵与树龄

台湾高山茶与广东潮州的凤凰单丛，同样讲究高山韵。高山韵虽然与嗅觉上的韵不同，但也是对部分讲究山场高度之茶客的重要指标。台湾的确是宝岛，高山上山水秀丽云雾缥缈，山形越高，茶叶吸收高海拔的日精月华，香型更加显著。

潮州人对于凤凰单丛的高山韵非常讲究。图为潮州乌岽山黄栀香老树。

然而"高山茶"在台湾仍是个具有争议的议题，因为对于自然生态的破坏，在市场炒作下消费者对产地海拔不断追高，使水土保持付出了不小的代价。撇开高山的争议，在潮州茶叶市场中，确实是有不是高山茶就卖不起价的潜规则。一款香型非常幽雅的单丛，为何卖不到好的价格？原来是因为海拔不够高，缺乏高山韵，所以自小就喝茶的潮州人不愿高价买单。

台湾茶的高山韵，到底如何分辨？答案在山的高度，与茶汤回甘入喉的深度，有正相关。感受一款茶的高山韵，可以试图捕捉茶汤饮入喉咙后产生甘甜的点，是到了喉咙的哪个位置。我的喉结，大约是 1200 米，是阿里山的海拔大约对应的位置。如果

何谓高山韵？答案在山的高度，与茶汤回甘入喉的深度，有正相关。

临沧大雪山野生千年古树林，古树高耸入云。

千年古树林沿途植被丰沃，我被树根绊倒后竟如同跌入弹簧床。

是大禹岭的 2600 米，则已经入到胸腔。每个人感受高山韵的点，会因人而有些许差异，但是原理却是一致的。只要细细感受，一款好的高山茶饮两杯下肚后，甚至连喝白开水都会感觉到高山韵的回甘点。

另一个与韵相关的市场焦点议题，是普洱茶的树龄。所谓的古树普洱茶，有别于乌龙茶体系，其上百年树龄的茶树犹如小学生，因为树龄从数百年到上千年的茶树在云南各山头比比皆是，而树龄的多少成为市场炒作价格的依据之一。树龄的分辨虽没有科学的定义，但主要取决于胶质的厚薄。树龄越大的茶树，因为扎根深厚，吸取的日精月华更显富足，醇厚的胶质也表现在回甘入喉的深度与韵的空间感上。100 年以内的树龄，在口中的胶质与香气显得单薄；300 年树龄的茶树，回甘与韵的空间感会在口腔中绽放；500 年左右的树龄到了喉间；上千年的树龄，才会充盈在胸口。

韵的现代定义

虽然自古至今的文人骚客对韵有许多不同的看法，但与其莫衷一是，不如借由现代的医学概念糅合当代的品茶习惯，重新定义一个具有普遍性的品茶方法：韵是由其"回甘"与"空间感"所组成。

回甘，指的是吞咽茶汤时，由于胶质的丰厚，会沿着咽喉与食道挂在咽喉壁与食道壁上，这有点像是我们擦乳液时留有一层薄膜在皮肤上。胶质的厚薄可模拟于乳液的浓淡，越浓的乳液在皮肤表面形成的薄膜层就越厚。胶质厚的茶汤在壁上形成薄膜后，会在吞咽下一口茶汤、开水或口水时，感受到甘甜，这称之为回甘。越是胶质丰厚的茶汤，越能从咽喉处往食道的深处产生挂壁的现象，也就是越有胶质的茶汤所产生的回甘点会越往食道的下端走。而食道的尽头是贲门，贲门的上端是食道，下端就是胃了。

空间感，指的是由于茶叶的胶质在口腔壁，包括舌面、上颚、喉咙壁、两腮内侧等所有口腔内的表面形成薄膜。经由呼吸的带动与吸入的气旋摩擦薄膜，会让从薄膜释放的香气带入 Michael

Damm 所定义的 B1 与 B3 的嗅觉功能区域（图六）。 而此 B1 与 B3 区域中香气的充盈密度，会左右饮茶者对韵的感知。 胶质越丰富的茶汤，薄膜就会越厚实，释放于嗅觉功能区域的香气就会越明显，而且越是天然的胶质所组成的薄膜，释放的香气就会越持久，如果茶香来自香精则连薄膜都难以形成。 厚实的薄膜，会使香气在口腔停留一段相对长的时间，让吞口水或说话都萦绕着茶香。

值得一提的是，当回甘点沿食道往下延伸至胸部时，胶质厚实的茶汤挂在食道壁上的薄膜，也能透过呼吸在胸腔形成一个香气满载的层次空间。 如果说韵的回甘点能形成一条线，韵的空间感则是一个立体的空间。 线与空间是同时存在的，从线到空间的多层次感受越是清晰明确，越能掌握一款茶的内质是否丰厚，成为分辨茶汤好坏的重要依据。 根据这样的定义，在学习不论是"喉韵""音韵""陈韵""岩韵""蜜韵""冷韵"或"雅韵"各自的特色时，就更容易融会贯通了。

香气与岩韵的平衡

　　武夷山正岩区的岩茶，有着知名的特性"岩骨花香"，令人十分难忘。岩韵来自武夷山奇特的丹霞地貌，整个正岩的景区，都是丹霞地貌，由砂砾岩组成，在大雨冲刷后，经过风化的砂砾岩被冲至山谷，与泥土混合成为土壤。茶的滋味，悉数来自土壤的养分与内容物；武夷岩茶，吸收到含有丰富矿物质砂砾岩的矿物成分，形成独特的岩韵。

　　岩韵在滋味方面的表现，是一种不同产区、不同山头厚实的山场气息。花香，则来自争奇斗艳的品种香与老师傅优秀的烘焙工艺。武夷山拥有超过八百种品种香型，当地知名的也有数十种香型[1]。传统烘焙讲究的是纯手工烘焙，在四五月采摘的茶青，依市场或焙茶师傅的要求，要温火慢"炖"三到六个月才能问世，而所用的荔枝炭也逐渐稀缺。

　　一款好的武夷岩茶，必须在岩骨与花香中间取得平衡。太香

1　武夷山不同茶农对香型数量认知差距颇大，没有统一确切的数字。

牛栏坑肉桂，有"牛肉"的称号，贵者动辄人民币十万元一斤。

武夷山知名品种「不见天」。

以韵品茶

武夷山的丹霞地貌，砂砾岩经雨水冲刷成为土壤一部分。

的茶之香气盖过岩韵，只感觉到香气霸占口鼻腔。 就像是原本应当双宿双飞的对鸟，其中一只穿破穹苍高飞而去，让人的目光紧盯不放，结果回过神来时另一只已经不知去向，满是惆怅。 然而不够香的茶尽是喝到土壤味，纵使梦里寻她千百回，仍闻不到花香，空留余恨，这些都非好的岩茶表现。

岩韵与花香的平衡感，就如同天秤的两端，每个人找寻的平衡点或许标准不一，但培养对于韵的感知那把心中之尺，却是必要的。

砂砾岩壁下的采茶季，别有一番景致。

拼配茶

市面上的普洱茶，目前很流行"纯料"，意思是都是一棵树上采摘下来的，像是犬类"纯种"的追求。然而据说乾隆皇帝喝到的全数是拼配茶，因为拼配是一种工艺，而非取巧。经验老到的制茶师傅，懂得不同棵茶树茶叶的特性，例如把霸气与幽香的不同茶树优点与缺点中和，调配出最佳的口感。又如武夷山的"大红袍"，在武夷山市政府的推波助澜下，为了打响武夷岩茶的知名度，好让其他省份的人认识岩茶，从而鼓励拼配工艺的发展，所以把常规武夷山的茶，都称为"大红袍"。

现在各厂家的"大红袍"，大都以三至五款不同茶叶拼配而成。一般都会有武夷山的当家品种水仙、肉桂，加上奇种，与其他各家自己的配方。台湾的高山茶，拼配也常见。例如金萱与青心乌龙，金萱水柔却韵不扬，青心乌龙力度彰显却易苦涩，搭配得宜会将口感调和得出色。

既然如此，为何普洱茶还要强调纯料呢？表现完美的单株的茶树所制作的纯料茶，虽然不是不可能的任务，但不容易量产与商品化。所以部分商人为了牟利，将不同品质的茶叶拼配在一起，明明是将古树茶截枝种植在低矮台地的茶青与少数古树茶混合的茶叶，市面上却以古树茶的名号贩卖。

拼配的原意，是取同样品质的茶青，依据其不同的特性中和成新的茶叶，以期许表现达到最佳状态。拼配可以是同一茶区不同品种的茶，甚至是不同茶区同样品质的茶青。好的拼配，就好像我们看到各国时装界都备受欢迎的混血模特儿，因为将不同国籍的优点糅合在一起，令人赏心悦目。这个"混血"的概念就是好的拼配结果。相反的，如果配搭的结果不理想，就成了八点档连续剧在钩心斗角的剧情里，常常听到咒骂对手"杂种"的称呼。

只是好与坏还容易分辨，真与假就考验茶友对拼配原料的了解程度了。例如在市场上炒得震天响的老班章，当茶叶市场上家家户户都贩卖天价的老班章，并且强调自己的才是纯料时，只要试算一下市场的供需就可以知道答案了。

如何以韵品茶

首先，韵的感知，是每个人都可以经由训练而达成的。透过生理学的分析，了解只要不是在嗅觉障碍的情况下，都能分辨三千到一万种不同的气味。而品茶数据库的建立，在于是否用心，将不同茶汤的滋味，纳入记忆的体系。嗅觉记忆比视觉记忆更持久的启发，帮助人们在喝茶时，能有信心建立属于自己的品茶数据库。在建立数据库的初期，不要单单只喝几种茶，最好可以多多尝试六大茶类——绿茶、黄茶、白茶、青茶、黑茶、红茶各种茶类不同的滋味。了解不同茶类的特性，有利于自己对于韵的理解。

喝茶没有捷径，它的秘诀就是多喝。最好找到同好，时常一起切磋，会更有学习的动力。多多与有经验的茶友交流，因为不同的人喝茶的角度不同，可以帮自己节省许多找寻答案的时间。我常鼓励自己的同事，休假时务必抽空到茶叶市场找茶喝，透过与不同茶叶店老板的交流，比较不同专家的意见，建立自己的判断准则。对于同事的品茶能力，也有严格的要求，有些同事因为几次测试没有达到我要求的标准，还差点掉眼泪。

韵品第一式 闻香与汤香

　　茶叶在茶汤中以外的香气有三种，分别为干茶香、湿香与杯底香。干茶香为冲泡之前的香气，湿香为冲泡后的香气，杯底香为一杯茶饮入后茶杯杯底留存的香气。不论三种香的哪一种，在闻香时先是浅浅地闻着香气，试着记忆香气的特征；接着深呼吸，让

建立个人品茶资料库，就是要用心与多喝。

鼻腔内的气流形成漩涡状，使得气息充分在鼻腔内部反复流动，并将香气闻到鼻腔的深处，感受香气从鼻腔进入到脑的感觉。

干茶香有时候因为茶叶制作工艺有别，不是很明显时，可以借由鼻子先呼气将鼻息吐到干茶叶，再吸气回吸自己鼻息的方式，取得更多的干茶香气进行判别。但基于卫生的考量，在众人一起赏干茶时，记得要只吸气不呼气。闻干茶时的香气与品香有异曲同工之妙，干茶香容易透过鼻腔进入脑，引发另一个层次的觉知，这个部分会在《以身品茶》中时探讨。在韵的阶段，干香的气味具有比较上的意义，泡茶前所闻到的香气，能否入水，呈现在汤香中。

所谓入水的汤香，指的是例如在鼻腔中闻到的茉莉花香，在茶汤中被舌头品尝后，是否能还是茉莉花香，以及表现的是否是自然的花香，还是变了味的香气。入水前后所品尝到的滋味，是一致、略有差距或是差之千里，都值得深入理解。一般而言，所谓的"一致"，是依据经验，在比较干茶时的气味与入水后的滋味相距不远。"略有差距"则是闻到的干香，有时经过水的修饰，变得更加圆润；也有的经过水的放大，显得比较突兀。"差之千里"时，则需要留意，是否茶中添加了一些东西不溶于水，或入水后产生质变。这个部分很像是现代男女越来越多机会在网络相识，不论是时下流行的微信、小红书或是抖音，在交换照片时，一般人是在许多照片中选取自己最满意的发给对方，就算见到面也只有些微差距；有些人则事先以Photoshop或类似修图软件修饰过，照片比本人好看也不足为奇；但是比较过分的是盗用别人的相片冒充，这就比较难以让人接受了。

湿香则是另一项参考。洗茶这一泡，或不洗茶的第一泡出汤后，比较茶器中茶叶的湿香与茶汤的香气的关系。第一泡后的湿香与汤香的差异，一般而言没有干香与汤香的差异来得大，但仍能在茶叶冲泡前后的变化，与茶汤中的滋味进行比较。"自然"的气味是好茶的准则，透过鼻子直接闻湿香，可以直接感受茶的气味，如果闻到刺鼻或不自然的气息，则必须小心。

杯底香是一款茶的内质与耐泡度的表现。内质丰富的茶，会在杯底留下韵味悠长的香气，在品茶时享受茶汤的滋味之余，杯底留香有加分的效果。另外，三泡后如果杯底依然留香明显，表示茶叶的香气并非添加物所形成。

除了香气是否会入水之外，"香气"与"茶汤"会否分离，是判断一款茶好坏的另一项依据。部分茶汤中，香是香，水是水，并无法融合在一起。这样的香气就不会自然。好的香气，天然的香气，遇到沸水之后会完全释放出来，所以品茶时能够充分享受茶的气味。若是茶与水无法融合的话，可能是在制作过程添加了不自然的物质到茶中的缘故。

◀ 韵品第二式 呼吸与层次感 ▶

一款茶入口后，先让茶汤在口腔中来回游走。好茶必须能在口腔壁，包括舌面、上颚、喉咙壁、两腮内侧与口腔中所有表面，形成薄膜。透过一呼一吸气息的进出，让茶韵充满口腔，这时候开口说话，都能感受到满口芳香的茶韵，这是一款茶韵空间感的表

"香气"和"茶汤"是否分离，是判断一款茶好坏的依据之一。

现。 按嗅球与嗅觉接收器的立体空间模型（ 图五、图六 ），嗅觉的感知是有空间感的，而一种气味由一组嗅球与嗅觉接收器组成，两种气味则由两组嗅球与嗅觉接收器组成。

如果一款茶能产生两种以上的气味，则有两组以上的气味形成空间感，这便是层次感。 许多好茶有多层次的气味交替产生，因为茶中所含内质丰富，能产生多种层次的气味；有时候虽然只有一种气味，但是当茶汤在口中来回游走而厚薄不一时，也能产生不同的层次感，这表示这款单一气味的茶韵足够厚实。

举一个我在台中绿园道喝咖啡的例子来说明层次感。 进到一家甚有品位的咖啡厅点杯咖啡，咖啡师傅以虹吸式赛风壶Syphone 煮每一杯咖啡。 在煮咖啡之前，师傅将一人份的咖啡原豆磨成粉后，放入赛风壶的玻璃上座，先让客人闻咖啡的原味气味。 随后摇动玻璃上座，让咖啡粉与空气发生氧化作用，再让客人闻到第二种气味。 最后以手的温度来回搓揉上座，让手温微微将咖啡粉加热，令客人闻到第三种气味。 三种气味，都来自一种咖啡豆。 如果我们想象可以在同一次品茗的呼吸中，体验到三种不同的气味，这便是我想要说明的层次感。

▌ 韵品第三式 回甘与余韵 ▌

茶饮入口中，一杯接一杯，一直喝到感到满口芳香。 如果一款茶只是产生短暂性的香气，香气的留存只有茶汤还在口中时产生，而在饮入后，余味无法留在口中，则是一款普通的茶。 如果饮入三杯后稍事休息不再喝茶，等待一分钟到数分钟不等，看茶汤的香气是否还能留在口腔；同时开口说话，看能否感受到满口芳香。此时吞咽口水，是否感到连吞口水都甘甜有味。一款好茶，所形成的薄膜有一定的厚度，能在口中持久停留，发挥茶质丰厚的本质。

我很喜欢梨山茶的韵，也喜欢充分享受前三泡变化万千的景致。第一泡梨山茶，第一泡会让球状的茶叶微开，雏韵如黄莺出谷，清新迷人；第二泡让茶叶半开，花香惊艳绝伦，回肠荡气；第三泡全开，山川丽致涌现，风光明媚。三杯下肚，开口闭口全是茶香，好似能缭绕三日不去。林语堂论茶："第一泡譬如一个十二三岁的幼女，第二泡为年龄恰当的十六岁女郎，而第三泡则已是少妇了。"他主张茶在第二泡时为最妙。大师的确妙语，以文学功底论茶，更是惟妙惟肖。

林语堂说第二泡最妙，大师论茶惟妙惟肖。

以韵品茶的乐与苦

　　带着对茶韵感知的喜悦，像是化身为芳香分子，悠游于口腔与鼻腔的三度空间，茶的世界突然间辽阔了起来。 不掩饰自己对茶满溢的兴致，开始呼朋引伴，寻觅志同道合的交流。 茶馆成为爱落脚的后花园，到朋友家串门子，也从打麻将转为喝茶。 与茶行

参与一场茶席盛宴，成为一种习惯或精神寄托。

抛开尘俗，享受静谧的片刻。

铁壶软化水质的功能，让许多爱茶人趋之若鹜。

昭和时期有坂造枣形铁瓶在炭炉上增添茶席氤氲氛围。

不同胎土材质与茶叶的对应，将使得茶汤产生不同的变化。

老板交流，总想多问两句，学到了下次在茶友间班门弄斧一下，表示自己的进步。 户外旅行，忍不住带上茶具与好茶，享受品茗片刻的放松。 不论是鸟鸣的清晨，阳光温煦的午后，抑或满天灿烂的星空，与家人远足或三五好友，摆开茶席的盛宴，泡上一壶好茶促膝长谈，这天人合一的欢愉，总是瞬间即逝。

接着，不再满足于盖碗的纯功能性，开始追求个性的茶具，并以实验的精神留意材质与茶叶的对应，到底会带来茶汤怎样不同的变化。 逛街显得比以前有趣，因为多了几个去处，而且多了一些淘宝的心思，结果老是处在淘不到宝觉得遗憾，淘到了又嫌贵的矛盾中。 不由得怀疑自己是否有点拜金，遇上喜欢的茶器，总是爱

朴拙的花器中一枝简单的花，呈现出无限的生机。

插花艺术，也有机会提升到道的境界。

不释手。 开始在包里带上自己的专用杯，并且与茶友们交换鉴赏陶瓷的心得；开始感兴趣的，还有茶友家里的铁银壶饶富沧桑的肌理，与煮水后口感的变化。 上博物馆看展览，发现自己对古董也越看越有心得。

为了装点家居或茶空间，开始对花花草草有了更具意境的追求，自己也琢磨着怎样的姿态最合意，而不再只是买盆花来摆放，甚至有着拜师学花道的冲动。 因为都市丛林中的这一盏生机，仿佛在室内也呼吸到了新鲜的空气。 茶友最近在玩香了，为了不显得落伍，试着上手檀香来附庸风雅。 虽然听说沉香才是王道，想说过一阵子再找机会学学。 生活似乎变得很有品位，至少心情因为茶、花、香的融入显得生机盎然。

以韵品茶，使自己迈入了享受与茶为伍的日子。 喝到茶韵的香，与充满口腔与鼻腔的幸福，有种说不清的喜悦。 直到某一天，茶友说你喝的这款茶有添加香精，才恍然大悟以前总觉得这茶特别香，却说不上来哪里不对劲。 然后翻箱倒柜，把过去所买的茶叶一样一样拿出来试。 虽然发现自己上了不少当，但是对于茶韵是否自然之分辨力的提升，还是感到无比的喜悦。 所幸不是买得很多，交点学费终归是避免不了。

生花，茶席中画龙点睛的配角。

古诗词 与
以韵品茶

西陵道士茶歌

唐·温庭筠

乳窦溅溅通石脉，绿尘愁草春江色。

涧花入井水味香，山月当人松影直。

仙翁白扇霜鸟翎，拂坛夜读黄庭经。

疏香皓齿有余味，更觉鹤心通杳冥。

| 作者 |

温庭筠，唐代诗人，词藻华丽，浓艳精致，与李商隐齐名，时称"温李"。这首《西陵道士茶歌》是他的代表作之一。

| 诗境 |

这首诗描述一边饮茶一边修道的情境。从形容品茶的环境、茶、水的讲究，到夜读经文通仙灵的心境。原文旨意：

在满满是钟乳石的石窟中流水潺潺，磨成粉状的绿茶如春江水色。山涧边的花朵落入井中连井水也香了，山水月色秀丽宜人，松影飘曳。仙翁以白鸟羽毛制成白扇，在道教教坛夜读讲述道家修炼的《黄庭经》。茶的余香在齿间缭绕不去，更觉得与仙界心意相通。

温庭筠在山光水色中，品茗时在乎水香，追求齿香余韵；更把茶当成是自我修炼时，与仙界沟通的媒介之一。他在喝茶的境界，比刘言史略高，主要并非温庭筠在品茶时可以通仙灵，而是在修炼时的饮茶，使他寄情于对仙界的向往与感情的投射。换句话说，是饮茶扩大了他的想象空间。温庭筠对茶的理解，主要体现在"涧花入井水味香"与"疏香皓齿有余味，更觉鹤心通杳冥"。

"涧花入井水味香"代表他对于水的注重，茶香与花香呼应，别有一番滋味；"疏香皓齿有余味"传神地形容饮茶时口齿留香的茶韵，呼应了品饮好茶时口腔留有薄膜的原理；"更觉鹤心通杳冥"则将品茶的境界提高了好几个层次。

"鹤"原意指仙鹤，"通杳冥"与仙境相通，我认为温庭筠并非真的能达到与仙境沟通的境界，因为诗词的上下句跳跃太快。如果真能与仙界心意相通，其不同层次间的品茗情境，仍有许多蛛丝马迹会写入诗词中，也会有更为动人心弦的发挥。所以这最后一句"更觉鹤心通杳冥"，是将温庭筠对仙界的向往之情表露无遗的象征。他其他与茶相关的诗作，包括《送北阳袁明府》《宿一公精舍》《赠隐者》等，对茶的理解层次均未能超越这首《西陵道士茶歌》。

古诗词 ㉕

以韵品茶

咏茶十二韵

唐·齐己

百草让为灵，功先百草成。

甘传天下口，贵占火前名。

出处春无雁，收时谷有莺。

封题从泽国，贡献入秦京。

嗅觉精新极，尝知骨自轻。

研通天柱响，摘绕蜀山明。

赋客秋吟起，禅师昼卧惊。

角开香满室，炉动绿凝铛。

晚忆凉泉对，闲思异果平。

松黄干旋泛，云母滑随倾。

颇贵高人寄，尤宜别柜盛。

曾寻修事法，妙尽陆先生。

| 作者 |

齐己，唐代诗僧。 虽然皈依佛门，但喜欢吟咏诗词。 时常云游四海，遍访名山胜景。 他的诗雅致清新，风格洒落。

| 诗境 |

《咏茶十二韵》是一首十二联的五言排律诗。 原文旨意：

茶为百草中有灵性的瑞草，乃神农氏在尝遍百草时便发现的。

茶的甘美闻名天下，尤其以清明前最为珍贵。

茶树区春天不会有大雁飞过，但采收时山谷有黄莺的啼声。

制作完成的茶封存于边疆，尔后晋献京城贡茶给朝廷。

茶香如此芳香至极，品尝后全身飘飘欲仙。

技巧研究透彻后天柱山的茶区便名气响亮，绕着山头采摘过的蜀山倍感清朗。

文人骚客在秋天品茗后吟诗作对，禅师白天禅修时品尝茶中极品而惊为天人。

存茶的角罐在开封的瞬间满室芳香，釜里煮着开水让边缘不断冒着绿色的泡泡。

入夜时回忆起水质极佳的凉泉，在闲暇时吃着珍奇异果。

茶末像琥珀般的颜色在水面扩散，又像是云母般的细滑随着水注入茶碗。

懂茶的高人寄来珍贵的茶，最好以单独的橱柜存放以防串味。

曾经努力钻研过采茶、制茶到烹煮种种奥妙的，也唯有陆羽先生了。

齐己对于茶的喜爱，从诗的题目便可知。他特意写了十二联排律来咏叹茶的美妙。对于齐己的品茶功力，可以从下列几句来观察。

　　"甘传天下口，贵占火前名"这两句是市场信息，意谓清明节前采摘的茶叶是极品，它的甘甜的确举世皆知。"嗅觉精新极，尝知骨自轻"这里就明显地提及嗅觉，已经将品茶自舌面与口腔，提升至鼻腔的觉知。此时芳香缭绕不去，让齐己有飘飘欲仙的精神触动。这一联排律，可说是《咏茶十二韵》中在"品茶"方面的高点。

　　"角开香满室"，茶叶的开封是好茶者最期待的一刻，存放得宜的干茶香气飘散于屋内，自然是一大享受。"松黄干旋泛，云母滑随倾"，由于唐代采用的是煮茶法，是将茶叶磨成茶末后，放入锅里煎煮，煮完后再舀起来放到茶碗中，连同茶末一起饮用。这两句排律，主要形容茶末在茶碗中灵动的姿态，不论是茶末的颜色、浮游的神色，或者丝滑的质感，齐己惟妙惟肖地捕捉着过程，并以生动的词汇描述。

　　"颇贵高人寄，尤宜别柜盛"，衬托出齐己不但喜好与精通茶道的高手往来，并深谙存茶的真谛以避免串味。这首诗收尾"曾寻修事法，妙尽陆先生"在对茶圣陆羽的崇敬与赞叹，也间接点出《咏茶十二韵》中描绘的产地、采制、贡茶、赠茶、碾茶、煎茶、饮茶到藏茶，就是陆羽茶经主要精神的缩影。

第三谈

气功与瑜伽的练习，是我推荐的强身健体与提升品茶能力的有效方法。气功与瑜伽都各有许多不同的系统与门派，对于品茶而言都可以达到气息畅通与活络经脉的目的。

以身品茶

气与品茶的关系

在以身品茶章节中，我们来探讨茶气在体内的感受、在茶叶中农药残留的感知、锁喉的现象，以及植物的生长状态在品茶时的体认。为了充分说明以上几种身体感官上的体验，以达到以身品茶的目的，物理的共振理论、气的科学理论、人体神经系统、人体经脉与植物生理学等基础知识的简介成为本章节理论架构的基础工程。

"气"在品茶中，占有极重要的分量，老茶友津津乐道的茶气，是一款好茶与老茶的指标。"气"是什么？我常对外国友人解释，"气"是 Floating Energy，就是在体内流动的能量，也是中国最传统的智慧之一。我们通过现代的科学理论，尝试将"气"分析，并应用到品茶之中。而"气"的物理现象，就是"共振"。

"共振"是什么

根据物理学，所有物质可分解为一个原子带着数个绕行原子的电子组成。 所以举凡我们日常使用的手机，或人类的肉身，都是由一群电子绕行原子组成的。 爱因斯坦相对论中的 $E=MC^2$ （E 是能量，M 是质量，C 是光速），印证了能量与物质间的关系。

世间万物不论是有形或无形的，都是不断振动的能量，只是频率的不同。 振动频率越高的，越是无形的，例如光；而振动频率低的，越是我们得以触摸的形体，例如车子、肉体等。 由此我们得知，茶叶的物质组成是由电子绕行原子，以振动的形式存在；喝茶的人体也不例外，是由不断振动的电子绕行的原子群所组成。

那"共振"又是什么？例如一位小朋友荡秋千（图七），如果以三秒来回振荡为一个周期，这个便是小朋友的振动频率。 当

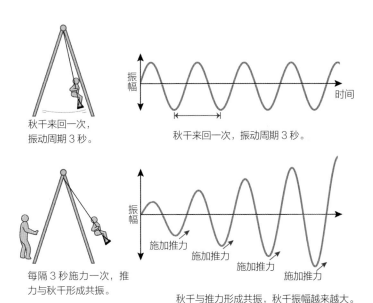

图七 荡秋千共振图解

另一位大人在小朋友身后推，每三秒钟推一次，则小朋友就会越荡幅度越来越大。

原来的振动频率，加上同样周期的外力，便产生加大的频率，而称为"共振"。又如传统模拟式 AM/FM 收音机，电台发出的电磁波，能被收音机接收器所接收，是因为用户调整接收器产生的频率，与电台发出的频率共振的结果。随着科技的进步，今天的科技仪器甚至分析到基本粒子的最小单位，是十的负十六次方，比原子与电子更小了许多的物质。而所有基本粒子所处的状态，便是以特定的频率振动的状态。

王唯工："气的共振"理论

《黄帝内经》上记载："夫自古通天者，生之本，本于阴阳。天地之间，六合之内，其气九洲、九窍、五脏、十二节，皆通乎天气。"人自古的生命与自然界的生息，便是息息相关的。这个生命的根本，就是阴阳。天与地之间，四方上下之内，不论是九大洲、人的九窍、五脏、十二节，都与自然的气相通。《黄帝内经》为中国古人对于健康的智慧结晶，叙述上自天文，下至地理的"气"，无一不印证在人的五脏六腑与各个经脉。在《黄帝内经》的各章节，也不厌其烦地从各个角度，探讨气对人体的影响。

今日，气的崭新科学解读，由已故的美国约翰霍普斯金大学生物物理学博士王唯工教授在《气的乐章》中所提出，心脏以甚小的功率 1.7 瓦，打出的脉冲进到主动脉后产生血压谐波，它的各个频率的特性才产生。

　　什么是谐波？任何周期性波形，均可分解为一个基频的正弦波"基波"，加上许多高次频率的正弦波（图八），就如同日光可以分解成为红橙黄绿蓝靛紫七彩光谱一般。高次频率是基频的整倍数（1，2，3……N，只能为整数）。基波称为一次谐波，而两次

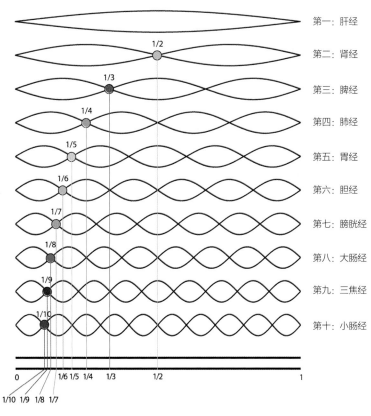

图八　任何周期性波形，可以分解为 1，2，3……N 个整数谐波

以上的波形称作高次谐波。血液，是用来传输营养的，而血压谐波，则是能量传递的介质与形式，这个能量，正是"气"。王唯工教授表示，气就是一种"共振"。所以"气"是以共振的状态存在，而"气"是一种能量的表现。

从气的观点，人体是个精密的小宇宙。心脏为了输送能量到不同的器官，而且不互相干扰，结果让每个器官都有独立的共鸣腔。心脏打出不同的谐波频率，由不同的器官以各自相应而独立的频率接收，五脏六腑靠着共振，接收心脏传递来的能量。例如脾是以第三谐波共振来接收能量，当心脏打出第三谐波时，只有脾脏可以接收此特定的能量，因为不会被其他内脏吸收或干扰，而使得能量的传输效率达到最高。

王教授把人体的十二经络，对应到不同器官，分别是肝：第一谐波；肾：第二谐波；脾：第三谐波；肺：第四谐波；胃：第五谐波；胆：第六谐波；膀胱：第七谐波；大肠：第八谐波；三焦经：第九谐波；小肠：第十谐波……

经过王教授所发明的脉诊仪测量，当以气功运气或发功时，第三、第六、第九谐波的共振特别明显，也容易感觉得到；而且越健康的个体，共振就越明显。从中医的原理去了解，第三谐波为脾，主消化，运送营养；第六谐波为胆，主输送到头部的血；第九谐波为腠（读音：凑）理，主包覆全身之肌肉的纤维。

所以当喝到茶气表现特别强的茶叶，较容易感觉到下列一种或几种特性：

（1）打嗝，因为茶气帮助第三谐波的脾增强共振，使消化顺畅，促使打嗝。

（2）不易感到饥饿，因为茶气所产生的能量，会如同食物的营养消化后产生的能量，降低饥饿感。

（3）头顶或后脑勺冒汗，因为茶气加强了第六谐波的胆的共振，可能加快血液输送至头部的速度，造成热的感应。

（4）全身冒汗，因为促进第九谐波的腠理的共振，容易使全身的气息流畅，把热气传输到体表排出。也由于第九谐波的腠理位于皮肤与肌肉表层，而一旦身体表层热了起来，与空气的常温反差感受较为强烈，会使全身觉得暖暖的。而透过脉诊仪进一步测量刚喝过茶的人体反应，发现饮用干净的好茶或老茶时，比较容易使得第二谐波的肾，与第四谐波的肺共振转强而发热。由血管与穴道的量测得知，手的穴道与手上的血管，第四谐波的共振最强；而脚上的穴道与脚上的血管，第二谐波的共振最强。于是得到了以下的结论，当喝到干净的老茶与好茶时：

（5）手心与肺同时发热。

（6）脚底与肾同时发热。

我之所以引用王教授的"气的理论"，是因为仍有许多茶友感受不到茶气。感受不到，并不表示它不存在。我们眼睛只能看见红橙黄绿蓝靛紫七彩可见光谱，但是当我们用电磁波望远镜来观察光，可见光谱只是光谱中非常小的一个区块，包括红外线、紫外线等一大部分的光谱均存在，只是人类看不到。

王教授以自己发明的脉诊仪，精确测知人体的经脉与气的关系。我们的气，确确实实存在于体内，喝到茶气强的茶时，也会有共振转强与部分脏腑、经脉、与头手脚发热的现象。还体验不到的茶友，先不要心急，只要先了解气的存在，再靠机缘进步即可。

为何感受不到茶气

茶气是品茶中重要的一环，但为什么有许多人无法体验到茶气？常常有茶友们一起喝茶，老茶客喝到好茶后，开始发表高见，说这款茶的茶气从头到脚，哪里冒热气，哪里冒汗，哪里通得不得了。讲得口沫横飞时，看到新同学面面相觑，额头冒出三条线，心想到底哪里有气啊，怎么都感觉不到？原因可能有以下几种。

（1）缺乏引导。茶气引发身体发热的情形，在部分好茶中非常普遍。在与懂得茶气的茶友共同品茗，老茶友予以循循善诱的引导下，较有机会体验到茶气的奥妙。喝茶的人大都很善良，也乐于分享；初入茶世界的新同学，也有对茶敏感度非常高的，只是此前没有遇到善于引导的茶友在身边罢了。

（2）体内循环不佳。现代的十大死因，除了事故与自杀外，大多与循环有关，无论是脑血管疾病、癌症、高血压，等等。血液的循环不好，气的循环也就不佳。身上的气被堵住了，自然体验不到茶气的存在。

（3）饮食问题。现代人的饮食，重口味、油炸，加上各式各样化学的食品添加剂、肉品的抗生素、蔬菜的农药残留，以及转基因食品等，使得身体的敏感度节节下降。

我曾经做过一个试验。有位同事在某次茶会后问我，为什么感受不到我所谓的茶韵或茶气呢？在了解这位同事每餐必食辣椒的习惯后，建议她停吃辣椒一周，之后再一起品茶。结果一周后我找了一款茶韵独特且茶气不俗的茶冲泡，终于让她有了初步的感受。另外，饮食营养过剩，吃进身体的没有充分消化排出体外，则囤积在体内，造成身体的沉重负担。这些都是感受不到茶气的主要原因。

茶气的等级

茶气有四个等级区分，分别是最高等级老茶、野生茶、古乔木或老丛、岩石土壤孕育的茶树等。

（1）最高等级是老茶。虽然每一位茶友对于老茶的定义不均，也与所能触及的老茶资源相关，对部分满手百年老茶的茶人而言，四十年以上的才叫老茶。但一般而言，二十年以上的可称之为老茶。无论是六大茶类的哪一种，只要仓储得宜，每增加一年，便能将茶叶内含丰富的矿物质与茶树吸收的日精月华，一点一滴地转换与递增。在苏州的友人，曾经提供一款经碳14检测过的老茶，表示是160多年前，1850年清代咸丰年间的普洱茶。撇开碳14准确度的争议，近年来因为年代校正曲线，取得更小的误差值，有的达到5%～10%的年份误差。这款茶的茶汤冲泡后色淡然且无味，却是一款茶气饱满、气流全身、让人忍不住起身打拳的极品。而茶自第一天早上泡到第二天晚上，经过数十泡，茶气的表现仍然强劲，真见识到老茶的威力。

福建福鼎白茶区难得一见的百年野生茶树

（2）野生茶。 纯野生茶未受到环境与人为的污染，未接受人类给予的照顾，完全靠自身旺盛的生命力存活下来。 此茶糅合天地灵气，有着综合的中庸之道。 所谓大道中庸，好的茶气并非霸气，而是气细腻却后劲强。 有一款武夷山顶上桐木关的野生红茶让我印象深刻，海拔1300~1500米，养分汲取来自茶树自身深扎的根部，与自然花岗岩缝隙中土壤的供给。 茶树只要在岩石为基底的土壤生长，必然茶气十足。 而这款桐木关红茶的茶气，意外地强过大部分的普洱生茶，令人侧目。

（3）古乔木或老丛。 普洱茶里头的古乔木，或乌龙茶中的百年老丛，都是茶气强劲的代表。 岁月给予老人智慧，给予老茶树的，则是综合环境与天地精华的能力。 云南三百年以上的乔木，多数呈现表现不一的优质茶气。 传说公元225年诸葛亮在七擒七纵南方首领孟获的过程中，士兵在桃花江畔因江水瘴气中毒，靠当地土著提供茶叶解毒并含在口中安然渡江。 平定孟获后，诸葛亮命属下采购茶籽，教授云南西南地区土著大面积种植茶树，并为军队大量采购茶叶形成规模产业。 所以今天云南深山的千年古树随处可见。

（4）岩石土壤孕育的茶树。 土壤为岩石风化后的面貌，而风化前的岩石，含有非常丰富的矿物质。 所以在岩石区生长的茶树直接吸收到岩石释放的矿物质后，使得茶叶的内质特别活泼。 武夷山的正岩区岩茶，其知名的岩韵来自特有的丹霞地貌，土壤是砂砾岩；武夷山桐木关的正山小种，生长在这个全世界红茶发源地，土壤是花岗岩；台湾北部南港的包种茶，气沉而饱满，土壤则是石灰岩。

经碳 14 检测之 1850 年的普洱茶，茶气饱满、威力十足。

《茶经》中说「上者生烂石」，图为云南邦东茶区 300 年古树。

武夷山桐木关野生红茶采自海拔 1300~1500 米的桐木关茶区，是全世界红茶的发源地。

武夷山三坑两涧之一的流香涧，溪流清澈、气候凉爽，即便在夏天，下午四点以后就会觉得空气沁凉舒畅。

农药施用与品茶之间

　　拜现代科技与仪器之赐，农药检测可以检测到上千种农药残留，包括杀菌剂、除草剂、杀虫剂、灭螺剂与灭鼠剂。各种类农残剂量的测量值也精确到 0.1ppm（百万分之零点一）以下。目前所有茶山的现况是，除非刻意采取有机耕作，或采摘的是野生茶，茶叶每一季的产出，都会施用农药。

　　在台湾，低海拔的一年采收六次左右，高山茶一般是三至四次，最高峰大禹岭一年是两次（近年已明令禁采，但周边仍有茶园）。在云南，从古树茶插枝无性繁殖的台地普洱茶，一年采收六次；在云南高山，除了野生茶外，一般的大叶种与古树茶，也采收二至三次。部分农民觉得除草很麻烦，以除草剂来除草，最终被茶树吸收，与施用农药对茶树的影响雷同。

不论是低海拔或高山茶，
都不宜过度采摘。

农药的检测

　　我在拜访武夷山岩茶村的茶农以及在苏州太湖西山的碧螺春炒茶冠军时，都曾经探讨过农药施用的现况。得知若非特殊情况施行有机耕作，每年在茶树发芽时，因为怕虫子啃噬嫩芽，必需喷洒一次农药。没有人会跟自己的钱过不去。全世界的茶叶因为饮茶人口的激增，光中国这三十年来急速增长的饮茶族群，就让农药与化肥成为茶农增产的好朋友。所以在有机茶园的观念还不普遍的现状下，农药的应用存在于我们绝大部分的茶叶中。

　　本来就技术而言，农残不会是问题，安全值以下的农残对健康没有危害。但是近年来各类食物安全问题频传，消费大众对安全

农残的分辨与其相信数据报告，不如建立自己的安全体感机制。

标准的执行产生了疑虑。茶叶的部分，因为检测费所费不赀，大部分的茶农不可能就每一季的产出逐批送检，茶商只能相信茶农，消费者只能相信茶商。

我曾经关注过一个品牌的茶叶，在包装上强调可以即时在网上追查到 SGS 的农残认证信息，结果试过四款他们家的茶叶，每一款都有强烈的锁喉感。这中间的漏洞，让茶叶可以不需要逐批确认农残，而造成送检的茶样与销售的茶叶品质不一，让部分消费者在受骗后对认证机制失去信心，形成负面的循环。

人体的神经系统

在分析人体对农药有什么样的感应前，需要先说明人体的神经系统。人体就是一个微宇宙，神经系统四通八达。它的敏感度原本极高，只因现代人所处的环境污染太多，饮食中又危机四伏，使神经系统的反应钝化。认识神经系统，才会对茶饮之于身体的感受有更深入的了解。

交感与副交感神经

交感神经与副交感神经，是主宰五脏六腑的神经。交感神经和副交感神经共同组成了自主神经系统（图九）。而大部分的器官受到两者的共同支配，他们又互相拮抗，也就是说交感神经与副交感神经的效应互补且互相牵制。

交感神经的作用可概括为产生紧迫作用，例如发生地震向户外

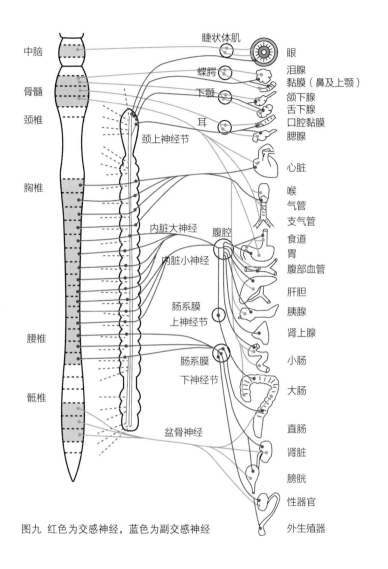

中脑

骨髓

颈椎

胸椎

腰椎

骶椎

睫状体肌　　　眼

蝶腭　　　泪腺
　　　　黏膜（鼻及上颚）

下颚　　　颌下腺
　　　　舌下腺

耳　　　口腔黏膜
　　　　腮腺

颈上神经节　　　心脏

　　　喉
　　　气管
　　　支气管
内脏大神经　　腹腔　　食道
　　　　胃
内脏小神经　　　腹部血管

　　　肝胆

肠系膜
上神经节　　　胰腺

　　　肾上腺

肠系膜
下神经节　　　小肠

　　　大肠

盆骨神经　　　直肠

　　　肾脏

　　　膀胱

　　　性器官

　　　外生殖器

图九　红色为交感神经，蓝色为副交感神经

逃命，或拼命追赶刚刚驶离的公交车时。 当受到外界刺激时，身体的交感神经会兴奋，并导致垂体和肾上腺皮质激素分泌增多，例如会引起血糖升高、血压上升、心跳加速、呼吸局促等各种功能及代谢的变化。 这些反应对身体具有一定的保护作用。

副交感神经大多扮演放松与休养生息的角色，例如聆听抒情音乐或正在享用美食时。 副交感神经的主要功能为使瞳孔缩小、心跳减慢、皮肤和内脏血管舒张、小支气管收缩、胃肠蠕动增加、括约肌松弛、唾液和泪液分泌增多等。

认识交感与副交感神经的目的，是为了让我们了解到喝到农残超标的茶叶时，相关的脏腑与神经会发生异常或不舒适的感官刺激，并对身体发出警报。 这些警报，对应到不同的神经节，都有其相关的生理意义。

中枢神经

中枢神经，是负责行为控制的神经。 中枢神经系统是神经系统里头，神经细胞集中的结构体，对于人类等的脊椎动物来说，是包括脑和脊髓两大部位（ 图十）。 人的中枢神经系统构造最复杂而且完整，特别是大脑半球之皮层获得高度的发展，成为神经系统最高级与重要的部分。 它确保了身体各器官的协调活动，以及身体与外界环境间的统一与协调。 中枢神经系统和脑与脊髓之外的周围神经系统组成了神经系统，控制了生物的行为。

中枢神经在农残超标时身体的反应，具有指标性的意义。 我在百余场茶会中与茶友交流时，对农药超标茶的实践观察，农药施用在茶树生长期的叶面时，只要采收安全期内不再喷洒，仍易被植

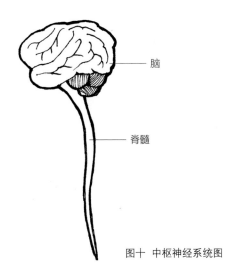

脑

脊髓

图十　中枢神经系统图

物代谢消化，但因雨水灌溉深入土壤的农药残留，则易被植物吸收到细胞，对中枢神经造成麻痹性的体感。

农药中毒

喝茶喝到什么感觉是农药超标的反应？到底怎么分辨茶叶是否农药超标？是我常常被问到的问题。就此，先从农药中毒的症状开始，尽量以客观的角度分析农药残留在体内的反应，给大家一个参考。我所期盼的，不是提出一个定论，而是抛砖引玉地希望未来能有更简便而科学的方法，协助保护消费者的权益。

今日的科技，让农药检测可以检测到的数百种农药残留，包括杀菌剂、除草剂、杀虫剂、灭螺剂与灭鼠剂。其中最常见的农

草甘膦是一种使用广泛的广效型「有机磷」除草剂，袋子常被茶农随处扔弃。

药中毒类型，是在全世界部分地区占有高达 40% ～ 60% 农药中毒比例的有机磷中毒。 英国伦敦大学学院的研究者发现并证实，使用有机磷农药的农民如果长期低剂量接触该农药，会造成慢性脑损伤。 也由于有机磷中毒是农药中毒最频繁的，关于有机磷中毒的特性与研究，呈现得相对完整。

有机磷是一种类繁多的有机化合物，在农药上被广泛应用来杀虫与杀菌。 有机磷的中毒可由肺部吸入，经口腔黏膜、肠胃道黏膜吸收，或与皮肤接触后发生中毒现象。 有机磷中毒，主要涵盖三个部分，其中毒蕈碱样症状和烟碱样症状与交感、副交感神经密切相关，并影响中枢神经系统。

（1）毒蕈碱是一种有毒的天然生物碱，最初是被模拟为副交感神经药物，它能深刻刺激副交感神经，引起害虫抽搐甚至死亡。毒蕈碱中毒，是有机磷中毒的主要症状，主要是副交感神经末梢兴奋所导致。 表现为支气管、胃、肠壁收缩，瞳孔缩小、呼吸道及消化道腺体分泌增多。

（2）烟碱样症状，运动神经和肌肉连接点受体兴奋，使面、眼睑、舌、四肢和全身横纹肌发生肌肉纤维震颤或痉挛。 交感神经节受到刺激，引起血压增高、心跳加快和心律失常。

（3）中枢神经系统症状，中枢神经系统受刺激后有头晕、头痛、烦躁不安、抽搐和昏迷情形。

台湾已故毒物专家林杰梁医师，也曾在绿十字健康协会指导有机磷中毒的相关研究；高雄长庚医院、台中荣总医院、新光医院等各大医院也都有相关的研究报告。 在有机磷中毒外，医师们还研究了不同特性的农药中毒，包括除虫剂、除草剂、除菌剂等，例如除虫菊精、巴拉刈、年年春等中毒的情形。 除了部分中毒症状，对器官或皮肤造成立即且严重的损毁性伤害外，较为轻微的症状均对于交感、副交感神经，及中枢神经产生轻重不一的影响。

农药残留症状分析

换句话说，不论是除虫剂、除草剂或除菌剂等哪一种农药，对我们的神经系统都会造成某些相类似的感应。 如果我们想象将农药中毒的情形，稀释到比较轻微的症状，举例像是浓缩的柳橙汁，加水稀释后还是有柳橙的味道一般，就可以试图从较为严重的病症中去找寻体感的蛛丝马迹。 我在近几年逾百场的茶会中，与茶友交流农药残留体感的经验，归纳整理成几种身体的体感，并对应到神经的反应。 以下的体感，是不同茶友反应的综合整理，并非来自单独一位茶友的身体信息：

（1）发生肌肉纤维震颤或抽搐（类似痉挛）。 身体的反应为舌头发麻，咽喉下端与胸口发麻。 （不适部位：口、喉、胸）

（2）产生副交感神经末梢兴奋，身体的反应为喉咙收缩。 （不适部位：喉）

（3）交感神经受到刺激，身体的反应为血压增高，心跳加快。 （不适部位：头、胸）

（4）产生交感神经受体兴奋，身体反应为恶心、胃肠收缩。 （不适部位：胃）

（5）中枢神经系统兴奋、身体的反应为头痛、头晕、烦躁不安、头皮发麻等症状。 （不适部位：头）

这几种农药中毒的症状，可以对应到饮用农药超标茶时的生理反应。 我在归纳分析农药残留体感的过程中发现，由于交感与副交感神经主导着五脏六腑，而每个人内脏的感知都有误差，所以判断是否农药超标的参考，可以与单纯的水相比较。

真正干净的茶，一定是自然的、没有任何添加物、喝了身体没有负担，如同水一般。 有些茶友可能会问，茶具有刺激性，怎么可能像水一样？ 应该这么解释，干净茶的刺激性，不会造成身体的不适；换句话说，五脏六腑没有负担，则不会有警报传递至交感、副交感神经再交给大脑。 如果一款茶饮用后，身体明显不舒服，那么，如果不是这款茶受到了化学污染，就是自己的身体不适合喝茶。

虽然，一款农药超标的茶对于交感与副交感神经的症状，会因

农药残留反应之身体部位、体感表现及神经系统对照表

对应部位 \ 对应神经		副交感神经（毒蕈碱样症状）	交感神经（烟碱样症状）	中枢神经
口	体感表现	喉咙收缩（锁喉），舌头发麻，咽喉下端发麻	—	—
胸		胸口发麻、闷胀，呼吸不顺畅	—	—
胃		胃肠收缩	—	—
头		—	—	头痛、头晕、头皮发麻
其他		—	血压增高，心跳加快	烦躁不安

为个人体质的不同，而产生不同的反应。但是，一款农药残留超标的茶对于中枢神经的作用，在不同人的感知中相似度提高。也就是说，头晕、头痛以及头皮发麻的情形，在不同体感的茶友中趋于一致。

我进一步发现，有机茶在从施用农药的惯行农法转为有机农法的过程中，土壤的化学残留是否能被有效分解，与中枢神经的感知有密切相关。土壤农药残留过重时，在土壤的化学与重金属残留被分解殆尽之前，仍然会被茶树根吸收到茶叶的细胞内，造成对中枢神经的持续刺激。

很多人以往喝到身体不适的感觉时，都会以为是自己的问题，例如前天晚上没睡好，导致头痛头晕；肠胃收缩，以为是上一餐吃到什么不干净的东西；或者当锁喉时觉得自己过于敏感，因为别人都没感受到。还有部分人以为是茶叶本来的特性，例如不苦不涩

以身品茶

111

不是茶，茶有茶多酚与茶碱，多少会对身体产生刺激性。

　　其实不要忽视自己身体反射的任何信息，凡事都有原因。 人类也是动物，本来应当与其他动物对各类食物的摄取，有着相同的敏感度。 但是人类太聪明，发明了化学香精欺骗自己的味觉，发明催化剂催生了茶树的叶子，发明农药驱赶了昆虫。 最后自己被自己发明的东西，一点一滴麻痹了该有的敏感性。

◀ 农药余毒与残留去除 ▶

　　食物与农作物科学期刊（*Journal of the Science of Food and Agriculture*） 中研究表示，茶叶在制作的过程，尤其是乌龙茶，包括发酵时的摇青与浪青，及高温烘焙，的确会让农残除去28%~67%。 而剩下的农残，许多人以为洗茶可以将剩余农药残留去除，实际上效果很有限。

　　农药在喷洒时，其实只有1%会被茶树吸收，而99%都被环境吸收了，尤其是土壤。 而这喷洒在叶片上的1%的农药，还会经过植物的呼吸、光合作用、雨水、露水与自然的代谢消除大部分。所以只要茶农依据每一种不同农药在采收前的施用期使用，例如依据不同农药而异，一般从短效七天到长效二十一天不等，采摘之前不再喷洒，则并没有残留的疑虑。

　　问题就出在这90%多被土壤吸收的农药，尤其是低海拔的茶园大约每季要喷洒6到8次。 但是长期累积在土壤的农药，则不容忽视。 土壤中的农药，直接由根部吸收进入到植物的细胞，对人体产生更直接的影响。这也就是云南普洱茶树所施用的除草剂，虽然并非直接喷洒在大叶种的普洱茶树之树叶上，但是对身体的危害却类同于惯行农法施用农药的原因。而为什么欧盟在有机茶园认证时，要求农地要有三年的转型期。因为就算不再施用农药，土壤残留的农药仍然会透过根部的吸收进入植物细胞。所以土壤需要时间让自然界的微生物去分解残留。

现代的农药技术，可以设计并制造相对友善环境的配方，但20世纪70年代开始使用的早期农药，其中重金属等物质并不在规范禁止的范围中。部分农药残留的重金属成分，如果还在土壤中，从植物生理的观点看，并不容易排除。重金属会抑制植物细胞分裂和成长，降低光合作用和呼吸作用，阻碍植物发育。更严重的是，透过食物链影响人体健康。

茶叶 VS 青菜的农残问题

很多人关心日常食用的青菜，不是也有喷洒农药么？我们日常生活所食用的青菜，除非有机耕作，都是喷洒过农药的蔬菜。但是由于我们对蔬菜的清洗与烹煮，使农药残留大部分被处理掉了。先从清洗来说，由于农药的喷洒，主要是在蔬菜的表面，以水浸泡或者水龙头冲洗，会适度地将农药残留洗去。而后再看烹煮，一则是农药经由加热后，大部分会被分解而减少毒性。二是农药会溶于水中，在烹煮过程如果不加锅盖，例如用锅子炒菜，则水蒸气会将农药的残留带走。以上的处理，的确会过滤掉大部分的农药残留，只是现在的农药有数百种之多，清洗与烹煮对个别的农药不一定效果都一样。

那茶叶与青菜，既然都喷洒了农药，残留上又会有什么不同？以烫青菜为例，我们食用的是烫过沸水的青菜，烫青菜的水是倒掉的；而喝茶刚好相反，茶叶最终成了茶渣是要扔的，喝的是浸泡过茶叶的水。

水溶性与脂溶性农药

有人提出，农药有分水溶性与脂溶性两种，目前青菜用的是水溶性，而茶叶用的是脂溶性，所以泡茶时农药不会溶于水里。真的是如此吗？

土壤才是关键

上述提及残留在叶片上的农药经过繁复的制茶工序后，本来就微乎其微，所以农残主要的来源是经年累月喷洒在土壤的农药导致的。这些农药由根部吸收到叶片成为茶叶内质的一部分，成为许多爱茶人难以接受的事实。而研究指出，由于脂溶性农药的渗透性大于水溶性农药，所以其防治病虫害效果优于水溶性者。但脂溶性农药在生物体内及土壤内的残留性却远远大于水溶性农药，茶农爱用的许多脂溶性很强的农药，反而更容易留存于土壤，并因其渗透性强而易被植物根部吸收、积累，并可能透过茶汤的释出与饮用，间接造成对人体的危害。

茶树精油的制程

近几年来以精油为媒介的芳香疗法风行一时，而最受人推崇与喜爱的莫属澳洲茶树精油。澳洲茶树的细叶中含有丰富的精油，方便被萃取而出。传统的萃取方式主要采集茶树的叶与枝，通过100摄氏度高温的蒸馏法完成。如果说茶树精油的萃取是以100度的蒸气提炼而成，那泡茶时以100摄氏度的沸水浸泡却不会释出茶油，恐怕说不过去。

我们在泡内质丰厚的新茶或陈年老茶时，常常会以100摄氏度沸水行茶。在茶汤出尽后壶嘴所残留最后一两滴滴入茶盅的圆珠，我们也能看到满满的油脂感。如果说脂溶性的农药只会停留在叶片表面，不但不会被叶片吸收也不会随沸水释出于茶汤，这样的说辞与自然界的植物特性，及实际萃取油脂的经验值并不相符。

嗅觉在农残分辨中的角色

2015年我到云南六大古茶山的易武茶区寻茶，易武茶农热心接待。接待的方式很特别，迎接我的是头一天到访时摆在我面前的70多款茶。一天70款茶怎么喝？一方面我殷切期盼此行能寻到合适的普洱茶，所以不愿错失任何一款好茶；一方面又不希望因为农残过量的不确定性而试茶伤身。最终我采取嗅觉排除法，以闻干茶的方式，将50多款排除在外，只试喝其中的20款，又在实际以身试茶的20款中排除闻时遗漏的不适信息，最终订制了两款茶。

茶农很好奇地问："可以教教我怎么分辨农残吗？"我送了一本《茶日子》给他，让他翻开农残体感对照表，并解释我闻的并不是气味，而是将饮水线包括喉、胸、胃到脑在喝到农残茶时所产生的不适体感，以闻来替代。闻的不是气味而是物质信息，是将茶叶中的农残等非自然的化学物质，透过鼻腔的筛板直接吸入身体与脑部，并观察是否产生体感的不适。然而三个点才能成为一个面，在身体感受到农残体感对照表中的至少三个不适点时，我才会将这款茶排除。这样一来，就避免饮用那50多款问题茶。

如果农残的分辨不需完全透过茶汤的品饮过程确认，水溶性与脂溶性的争辩就不存在了。这几年借由"觉知饮茶"的教学课程深化了爱茶人以身品茶的技能，也培养出许多具备这样能力的学员。

洗茶无法去农残

洗茶，只能洗掉表面的少数农药残留，但是自根部吸收到的农药，成为溶于水的茶汤，正是茶友期待要啜饮的精华；现代人的饮茶方式也不像唐代类似煮菜汤的煮茶法，可以趁茶汤煮沸时让水蒸气带走部分农残。

另外，揉捻为球状或半球状的乌龙茶，如果有喷洒在叶片表面的农残，则被一层一层包裹在里面。洗茶，只是让球状的叶片微微张开而已，绝大部分都还留在里面。所以洗茶，并没有去农残的效果，这个动作对于泡茶时的意义，在于醒茶，如同红酒需要醒酒一般。

许多茶因为仓储，真空包装，或焙火的关系，需要靠洗茶让它苏醒；老茶有时候还得洗茶两次，或者以蒸气蒸煮的方式醒茶。

农药茶的二三事

　　有一次我在上海，与一位自台湾到访的茶老师，连同几位台湾朋友，一起去当地一家销售银壶著名的店家小坐。主人看到茶老师光临，连忙准备了手边最好的茶招待，一边解释是一款五年左右的生普，纯料古树茶，说年产量很少，自己才分到了一点，平常还舍不得喝。

　　开始我抿了一小口，觉得香气迷人，韵也绝美，然后过了三十分钟，我30毫升的小杯子还是八分满的状态。由于我头很快就晕了，头皮也开始痛麻，这款茶可惜在茶质虽好，但茶农太懒惰，用了除草剂，而且是高剂量，让我的不舒服持续了好几分钟。当时心想反正我是路人甲，也很怕盛情的主人问发生什么事情了，就干脆装作拿手机正在处理公事，低头不语，其实当时我的手机没有上网流量，现场又没有无线网络，根本没法做什么。撇头看下茶老师，喝得也少，看来这种场合如何给主人面子又能保护自己，是一件很讲究的艺术。

　　有位香港的朋友，处理起来就智慧多了。他说有一次和朋友去拜访一位朋友熟识的前辈，对方很热情地说正要泡一款三十年的老茶，说这款茶有多好多好。当他看到洗茶的时候，茶渣居然挂在杯子内缘，还有种油渍的色泽，茶杯端到眼前时，他正在犹豫如何托辞。前辈看他没有动静，进一步吆喝说茶要趁热喝。他灵机一动，边掏出手机"喂喂喂……"边假装跟电话另一头的人说"啊，这里信号不太好，你等等啊。"边走出店门口。回来后就跟朋友说："哎呀，不好意思。临时有点事情要先走了。"还转头跟前辈问候："下次再来喝你的好茶。"然后夺门而出。

有一回，有位曾经经营普洱茶，喝茶也很挑剔的朋友拿了一款龙井茶到我店里分享，介绍这是一款当地农改所的最新品种，是农改所的人才分得到的样茶，接下来才准备开始推广到市场上。颜色鲜绿如同轻发酵的安溪铁观音，干茶香闻了很舒服，第一口喝起来也确实是鲜爽迷人。我喝完一杯后，问朋友这款茶是不是刚种没有多久，土壤还是新的。她说她去农改所看过茶园，这片茶园的确是新建的，是为了培育新的品种而扩建的。

我不常喝到喉咙与胸腔的麻感，比头晕情形明显的茶。首先，这款茶的农药残留使锁喉感在一触即发的临界点。但是头晕与头皮发麻的情形，却意外地轻微，这唯一可以解释的，是这款茶在叶片上洒的农药，还未因雨水大量污染到土壤，所以自根部吸收到植物细胞的部分，还很有限。

◖ 隔夜茶能不能喝 ◗

隔夜茶能不能喝，似乎是一个爱茶人常常碰到的问题，尤其是有时候晚上想喝点茶，可是泡了一两泡就准备就寝了，倒掉了又嫌浪费。坊间似乎有隔夜茶不能喝的说法，说是因时间过久，维生素大多已丧失，且茶汤中的糖类、蛋白质等会成为细菌、霉菌繁殖的养料，导致隔夜茶容易发霉。还有一个说法是茶隔夜后，会产生大量致癌的亚硝酸盐，所以不建议喝隔夜茶。

据此一说央视——电视节目，进行了科学求证。节目单位所检测的隔夜茶中的亚硝酸盐含量，均低于国家饮用水卫生标准，即使是含量最高的龙井茶，也只占了国家生活饮用水卫生标准的1/4左右。

节目所邀请的国家高级品茶师楼国柱说："同样的一杯白开水和一杯茶水放置一个晚上，茶水里的亚硝酸盐的含量，比白开水还要少。因为茶叶里有一种含量比较大的成分叫茶多酚，与其他的维生素类的物质，起到了阻碍亚硝酸盐形成的作用，是一种天然的抗氧化剂。"

不过这里遗漏的一个思考面向，是过度地施用化肥，会产生过量的亚硝酸盐。氮肥是茶树成长主要的养分来源，然而土壤中天然的氮肥含量低，所以多数茶农仰赖化肥来补充氮素。但是不当与过度施用的氮素，会使茶树的叶片与根系容易累积致癌的亚硝酸盐。

我日常饮用的茶叶，因为生长的自然环境佳、耐泡度高，每一款都会隔夜。 曾经非常仔细地做过实验，部分野生茶或仓储良好的老茶，在室温下保存 24 小时是合适的。 如果喝的是内质丰厚的新茶或干仓老茶，却担心隔夜会变质时，若茶还能泡个数泡，则建议可以当天直接烹煮。 煮后将茶渣与茶汤分离，还能延长一两日茶汤的健康饮用时间。 总之如果我们能回到以身体来鉴别茶叶的安全性，则茶叶的变质或腐化，都将逃不过喉、胸、胃与脑是否舒畅的敏感机制。

农药与化肥的差异

很多人问我，农药与化肥在体感上有什么差异？ 依据我的经验，许多农药与化肥都有重金属的含量，如果两者的分量都重则体感类似，在饮水线的喉、胸、胃最后到脑都会感觉紧收与不舒服。但是仔细区分的话，体感的焦点还是不同。

例如农药中占比最大的有机磷农药，在设计上更多是神经性的刺激，借由造成神经系统的紊乱让虫子致死，这些残留于茶叶的刺激信号最终会汇集到人脑，所以脑的不适，包括头皮疼、胀痛都是重要信号。 然而化肥的设计是替代自土壤吸收的养分，也就是以化学成分取代自然的有机养分。这就如同人类食用塑化剂作的假蒟蒻、化学合成的肉条、香精过重的糕点等，会有反胃与消化不良的情形。化肥重的茶叶，也会在品饮时令人反胃，甚至恶心想吐。

有一回去一间永康街的知名茶馆叙旧，老板取出一款台湾的生态白茶招待。 我抿了一口后先享受了柔甜的滋味，一分钟后感受到喉咙、胸口与胃都发紧，但并未造成头的不适。 再过了一会儿后开始发现有恶心、反胃的感觉。 听老板说茶农是以生态工法管理的，所以我的确没有感受到农药残留，但问题可能出在肥料。 依据我的品饮经验和与茶农的讨论中发现，许多有机肥并不纯粹，可能因为商业利益的考量添加了无机成分。 所以如果是喉、胸、胃发紧，但不会头疼，且产生恶心感时，就有可能是单纯化肥所产生的不适感。

植物生长状态与品茶的关系

台湾冶堂主人何健曾说："现在喝五十年前的红印，是反应五十年前的自然环境；今天人们收藏一饼茶，五十年后再喝，是反映今天的自然环境。"而今日农药与重金属对土壤与环境影响巨大，藏茶者容易进入一个误区，以为现在不好喝的茶，放老了就会好喝。

一款茶的好坏，不但取决于茶树生长的天然环境，更取决于茶农如何照顾，也取决于人们采摘的频率，这些植物成长的状况，都会忠实地反映在茶叶的品质上。我们爱茶，就必须对茶树的生长过程与植物的生理特质有所了解，越是了解越是能对照比较一款茶的优劣。这就如同土鸡比肉鸡的味道鲜美且肉质更有嚼劲，是因为土鸡的生活状态更健康的缘故。

◀ 植物地上与地下部分的竞合 ▶

一株植物地下部分的根、块茎，与地上部分的茎、叶、花、果，两部分的生长是互相依赖的。 地下部分的根负责自土壤吸收水分、矿物质等，供应地上部分所用。 而根部生长所需的糖类与维生素等，却需由地上部分供应。 一般而言，植物的根部发达，地上部分才能有充足的养分供给生长。 但是地上部分与地下部分同时又是竞争关系，其竞争主要表现在对水分与营养的争夺上。

植物地上部分与地下部分，也存在类似动物神经系统的信息传

灌木型的茶树，植株有多高，其根就有多深。图为武夷山正岩区茶园。

导。 当植物根部缺水时，根部会产生化学信息传输至地上部分，最后传至叶片。 叶片会降低气孔的开合度，使水分蒸散减弱，并阻止叶片正常生长。 植物的生理特性告诉我们，茶树如果缺水，茶叶会成长得很辛苦。 叶片一方面要与根部抢水，一方面不能正常进行代谢。 我们将心比心，人如果没水喝，又不能如厕，生活还怎么过？

植物地上部分与地下部分长度比例为何？ 俗话说的"树有多高，根就有多深"其实并不完全正确，因为如果是乔木型的大树，地上部分与地下部分的质量比一般为四比一。 大树的主干约占整株树木的60%，扣除主干所剩下约40%的质量，则由地上部分扣除主干的枝叶与地下根部大致平分。 但在台湾是以灌木为主的茶园形态，没有如同大树的主干，所以老茶农都会说，植株的高度有多高，根就应该有多深，这样茶树才能健康生长。

◀ 植物的呼吸 ▶

呼吸对植物的重要性，等同于呼吸对人体的重要性。 植物的呼吸具有数个生理意义。 首先是为生命提供能量。 呼吸作用会释放能量，而部分会储存起来满足植物体内各种生长发育过程的需求。 呼吸会放出热能，可以提高植物的体温，利于植物开花，幼苗生长，传送花粉与受精。 另外，呼吸过程会产生许多代谢物质，能提供许多植物成长过程需要的原料。 而植物因为天灾人祸而受伤时，会通过旺盛的呼吸作用促进伤口的愈合，并增强植物的免疫能力。

茶树要健康生长，土壤的干净度非常重要。图为福建福鼎茶区的茶园。

我们知道绿色植物在阳光下会进行光合作用，利用日光将所吸收二氧化碳（CO_2）转化成氧气（O_2）与化学能量。但是一般人可能并不熟悉，植物在任何时候都会呼吸，植物为了要辅助它的光合作用，会进行光呼吸（吸收 O_2 吐出 CO_2）来协同光合作用的形成。而晚上的呼吸称为暗呼吸（也是吸收 O_2 吐出 CO_2），所以不论白天或黑夜，植物都在进行呼吸作用。光呼吸有个重要的功能是排毒，植物在代谢的过程中会产生乙醇酸毒害植物体，而光呼吸会消除乙醇酸的代谢作用，并避免乙醇酸在植物细胞体内累积。正常的呼吸，可以帮助植物体内环保，让植物活得更健康。

干旱对植物的影响

　　茶树的干旱，大致分为两种。一为土壤干旱，二为生理干旱。土壤干旱代表土壤中可利用的水资源匮乏，植物根部吸水困难，使体内严重缺水。由于生命活动受到威胁，造成生长缓慢或完全停止。生理干旱是由于水分缺乏导致土壤盐分浓度过高，或土壤结块造成土壤缺氧，根部的正常吸水遭到阻碍，而使植物受旱。

　　水分不足时，植物内部各部分抢水作战开始。先是植物根部与地上的茎、叶抢水分。根部离水源近容易占上风，而地上部分茎、叶的水分在更加缺乏的情况下，根据植物界的生理设计，是让嫩叶抢老叶的水分。干旱时植物光合作用降低，老叶的叶绿体在受损下会逐渐变黄。干旱刚开始时，植物在生命挣扎边缘，使呼吸加剧，随着水分更加匮乏，呼吸逐渐降至正常水平以下，然后更加迟缓。总体而言，植物自干旱开始，一直生长在缺水的紧张与恐惧之中。

　　茶树如果缺水，除了叶片的代谢有问题外，嫩芽还会抢老叶的水分，造成老叶干涸枯萎。这其实是植物生理特性中为了繁衍下一代的设计，好似饿得快奄奄一息的母亲，将最后一碗饭给孩子吃，还告诉他"妈妈不饿，而且不喜欢吃地瓜叶"。

酸雨与雾霾对植物的影响

　　由于人类高度的工业发展所排放的废气与废水，使得气候开始发生常态性的极端变化，自云南普洱茶茶区所观察到的，则是2009年以后经常发生缺水的干旱现象。云南的许多古树茶区面积广大，主要靠的就是雨水的灌溉，一旦雨水受到污染，对茶树的生态影响甚巨。

由于工业用的煤炭和石油等燃料的燃烧不完全，或火力发电厂、工厂、石化业、汽机车排放之硫氧化物与有机碳化合物等，造成悬浮颗粒PM2.5，也就是所谓的雾霾。其中二氧化硫（SO_2）等酸性气体进入大气后，在水凝过程中溶解于水。二氧化硫（SO_2）在一定条件下可被氧化成三氧化硫（SO_3），是造成酸雨的主要原因。化学在酸碱值的定义是PH7为中性，低于7为酸性。在自然界大气中由于含有大量的二氧化碳，常温时溶于雨水后的PH值为5.6，所以雨水是微酸性的。两岸在定义酸雨PH值上有所不同，台湾是5.0以下称为酸雨，大陆则是5.6（以下称为酸雨）。另外这些容易附着病菌、戴奥辛、多环芳香烃以及重金属等有毒物质的PM2.5微小粒子，也一并溶入雨水随雨降落至土壤与农作物。

结果近年来茶树本来就常因干旱缺水，所降的雨如果又富含酸水与各种有毒物质，茶树将之当成养分一起吸收，容易造成叶子枯黄、病虫害加重等现象。而酸雨使土壤中重金属的水溶性增加，增加了重金属透过茶叶间接进入人体的机会。

工业发达的中日韩都有酸雨产生现象，而且酸雨还可以靠盛行风跨国运输。全世界酸雨的情形，在各国对碳排放还未有共识的情形下每况愈下。在两岸的茶区，尤其是北回归线经过的三大精华茶区，包括台湾各地、福建武夷山与云南普洱茶山，都受到影响。

焙火下的走水提香

焙火是一项复杂的工艺。 半发酵的乌龙茶，对制茶的老师傅而言，讲究"看茶焙茶"。 焙茶师傅首先必须掌握茶叶的本质，然后掌握焙火的时间与温度曲线。 焙火的目的有二：一是降低水分，二是提香。

目的一的降低水分，是为了长时间保存。 杀青，是第一道焙火。 杀青中不论是"蒸青"或"炒青"，为的是以高温让叶脉停止发酵。 干燥，则是第二道火功，让水分蒸发掉。 讲究的焙茶，要文火慢炖以慢工出细活。 施以低温，分不同阶段焙火，因为茶叶内蕴含的水分要逐步去除，切勿用高火导致急火攻心，造成茶叶炭化后活性尽失。 有的时候因为前两道火焙得不到位，而让未焙干的茶青过几年后吐出水气，或者存放不当而受潮，则必须施以第三道火，覆焙。

台湾的老茶，在业界曾有两种声音，一种是在藏茶前就焙到位，直到开封饮用不会再覆焙。 另一种声音是每一二年取出覆焙一次。 近年前者成为市场主流，因为每一二年覆焙一次，茶叶很

从茶树上采摘下来的茶青，需先经过
一段时间进行"日光萎凋"；之后将
竹篓移至室内进行"室内萎凋"。

容易因炭化而失去活性，让茶只剩下火味而掩盖了茶原来的滋味。

目的二的提香，在杀青得宜的前提下，于不同温度与时间点，香气不断在变化。杀青如果不完全，则仍有湿气藏于叶片，焙火时叶片将难以入火，提香难以体现。杀青完全的情形下，茶叶在焙火时随着时间挪移与温度的变化，香气逐步发生转变。例如，知名凤凰单丛的名声，来自它超过一百种的主要香型，而焙火过程因为时间轴的不同，往往在不同的时间点与温度，会散发不同的花香或香型。

焙火师傅决定停止焙火的时间点，取决于这款茶叶最佳的香气状况，与市场的偏好。举例，木栅铁观音的传统观音韵，来自优质龙眼炭与边揉边焙的特殊工艺，这样的工艺必须是纯手工的实践，在量化的铁观音制作中难以延续。至于在正岩区的武夷岩茶，仍沿用传统的炭焙工艺，用炭笼以荔枝炭烘焙，近年来部分茶农对于工艺更加讲究，从清明后采摘完，要到十一月才烘焙完成。

对于烘焙型的乌龙拼配茶而言，焙火是一项重要的工具，目的是将不同的茶叶的品质归于一致。烘焙师傅对不同茶叶特性的理解，有的取其香，有的取其水，有的取互补之处。焙火，则是将不同特性的特质透过火得到调和与提升。

提香后的各种不同茶叶，力求香气达到新的平衡，这就像是交响乐团中的协奏曲。我在台北观赏了一次交响乐团演出后，得出以下的心得：我们举小号协奏曲为例。指挥家在协调曲目时，如果遇到一整个乐团的团员水平参差不齐，则选择协奏曲曲目时，就会凸显主要小号乐器的单一风采，这时乐团担任的角色是衬托小号

焙茶师傅是制茶的灵魂人物，图为武夷山天心村民间斗茶赛状元吴忠华。

的表现，而小号演奏家可能是重金礼聘的国外名家。 如果整体乐团水平整齐，则曲目的选择，就会强调不同乐器之间的共鸣与协奏的完美协调。

焙火师傅就像是指挥家，小号是火候，用来拼配的茶叶是乐团的其他团员。 如果在拼配时不同茶底都是优质的，则火候的调度是和谐地将共鸣点找出来；反之，如果品质参差不齐，则火候就必须凸显其主导性，最终的成品必定以火味掩盖茶质的不足。

现今的焙火，主要分电焙和炭焙。 电焙有量化的烘焙机与少量用的电焙笼两种。 炭焙所使用的炭，在台湾最好的选择是龙眼炭，武夷山则使用荔枝炭。 不论电焙或炭焙都是工具，关键还是焙茶师傅的功力。 有一次品尝到一款电焙烘焙的武夷山岩茶，虽缺少传统的炭香，但是该提升的茶质与滋味，该拿捏的花香与岩韵的平衡点，都完整地表现出来，不由得佩服焙茶师傅的功力。

从环保的观点来看电焙与炭焙的选择，电焙是值得鼓励与深度发展的，因为如果没有计划性地栽培龙眼树与荔枝树，随着这些树种逐渐被砍伐到了极限，数年后焙茶用的龙眼炭与荔枝炭的产能也近了尾声。 武夷山的茶农就感慨，荔枝炭近年的成本越来越高，取得早不如以往容易，不知荔枝炭能再使用几年。

而怎么样的焙火程度，是可以饮用的？ 主要取决于在喉咙的燥性，也就是体感中喉咙感知的干燥程度。 如果干燥到喉头感到麻痹，或者很想喝水，则是焙火的火气未消。 如果饮后身体燥热，咽喉干痛，则已到了中医所谓的"上火"。 反之，如果喉咙轻微干燥，而茶叶能自行生津解渴，则火气已经达到平衡状态，适合饮用了。

品出不同焙火的滋味

　　焙火的好坏，在品茶时如何拿捏？首先要注意的，是喉咙是否会干燥。重度的干燥，还会引起喉咙的刺麻感。烘焙引起的喉咙干燥，可能有几种原因。一是新茶刚烘焙好，火气未退。这时候得有耐性，待火气退去后再饮用即可。二是烘焙过度，茶叶已经炭化。这是为了求快以取得类似老茶口感的商业手法。已经炭化的茶叶，活性已失，只剩下炭味。有些炭化较不严重的茶叶，过些时日当干燥感退去时得以饮用。炭化严重的茶，就可能烘焙数年后刺麻感依旧不变。三是原本新茶的涩感，经过烘焙叠加了干燥感。技术佳的烘焙，降低新茶的涩感；反之，涩感会因为焙火引发的干燥而加重，这时候就得看茶质是否丰厚能生津，将涩感与干燥感化开。

　　其次要仔细体会焙火，是否把茶汤中的香，与口腔及鼻腔中的香立体化。金庸的小说《倚天屠龙记》中，决战光明顶的章节里有一个桥段：但见张无忌抓着圆音大师高大的身躯微微一转折，轻飘飘地落地。六大派中有七八个人叫了出来：武当派的梯云纵。金庸对武当派这个独门轻功"梯云纵"，有着这样的形容："纵身高跃，一转一折。"功力高的焙火师傅，会将本来优质的茶质，借由火候的温度曲线，让茶质本身的层次感，随着焙火时间的轴线，在口腔与鼻腔达到"一转一折"的变化。

有一次遇到一位台北的茶农，着实帮我上了一课焙火与泡茶的关系。 茶农以传统的龙眼炭烘焙茶青，他寻找到一个泡茶温度最佳的对应，是烘焙茶青的温度。 例如是四十摄氏度烘焙的，就以四十摄氏度起泡这款茶，随后再逐渐升温；六七十摄氏度烘焙的，就以六七十摄氏度起泡；八九十摄氏度烘焙的，以八九十摄氏度起泡。茶农表示，冷有冷的滋味，好茶冷了更能考验它的茶质。 我所感佩的，是他对一款茶敬天爱地的坚持，坚持有机耕法取之于大地，用之于大地的精神。 他泡出的茶汤，细致且韵味悠扬，我感觉到的，是烘焙时的尊重大地，与泡茶时的感恩分享所致。 这样的茶汤，多了一分细腻的呵护。 原来焙火与泡茶也能如此心意相通。

如何以身品茶

近几年来越来越多人关注养生，把喝茶能养生当作天经地义，却又有越来越多茶界难以置信的个案浮现，茶老师与茶老板因茶而病，甚至离世。既然自神农时期茶就是药，为什么今日喝茶反而成为病因？因为市场主流的焦点，是在口与韵，茶入口后在身体产生的许多信号，被无意识甚至有意识地忽略。这些信号或许细微，也可能明显，却长期不被看重，因此错失自我保护的良机。

对饮水线的喉、胸、胃到脑的觉察，是对安全饮茶关切者的重中之重，我在此整理出这几年来"觉知饮茶"课程中的重点，希望大家能透过我的说明与案例分享，认识喝茶可能潜在的风险。

气功与瑜伽的练习，是我推荐的强身健体与提升品茶能力的有效方法。气功与瑜伽都各有许多不同的系统与门派，对于品茶而言都可以达到气息畅通与活络经脉的目的。经脉畅通后，加强五脏六腑个别的共振能力，对于茶气的感受，自然会增强。茶气是以身品茶的基础工具，体会茶气，则是体会口、韵之外的另一扇品茶之窗。

◀ 身品第一式 喉：锁喉 ▶

锁喉的原因，必须先从颈部的构造开始了解。 颈部是脑与躯体之间一个灵活的连接部位（ 图十一）。 此处有三个主要器官会经过颈部。

（1）脊髓，从脑沿着由骨骼组成的隧道脊椎通过。

（2）食道，从口载运食物到胃。

（3）气管，载运空气进出肺部。 颈部内还有许多供应血液给头的血管，颈部的肌肉支撑并使得头可以移动，且使我们可以吞咽食物。

再来我们了解到，现代文明病大都环绕着肩颈的问题。 王唯工教授在《以脉为师》中提出，人体的大部分的肌肉纤维是横向生长的，对于身体的固定与支撑有帮助，但只有颈部肌肉纤维是垂直

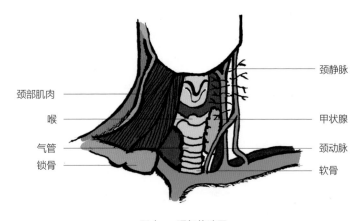

图十一 颈部构造图

生长。因为古代人必须狩猎与预警，脖子需要经常一百八十度转动。然而现代人只剩下电脑与手机，长时间只有脖子上下移动，让脖子过度疲乏，难以支撑其重量，造成脖子僵直且血液循环差，最后导致硬块与结节淤积。而这些部分成了细菌滋生的温床。

我们从中医的经脉理论来看，人体的十四条经脉都经过颈部（图十二），包括：手三阳经（手阳明大肠经、手少阳三焦经、手太阳小肠经），手三阴经（手太阴肺经、手厥阴心包经、手少阴心经），足三阳经（足阳明胃经、足少阳胆经、足太阳膀胱

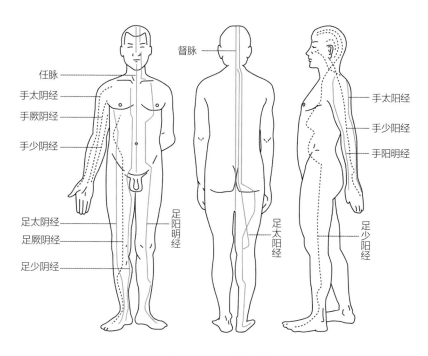

图十二　十四条经脉简图

经），足三阴经（足太阴脾经、足厥阴肝经、足少阴肾经），也被称为"正经"，以及任脉、督脉二脉。

在王教授脉诊的经验中，80% 的人颈部都有状况，包括疲劳、酸痛、硬块或结节。这表示大多数现代人的颈部经脉，已经有部分不通畅且招来不少细菌的淤积。如果这些本来就孱弱的经脉再予以阻塞，则颈部的不适将立刻发生。

锁喉，对每个人而言，会因为个人经脉的孱弱或通畅之不同而有所不同。当 2014 年《茶日子》刚出版时，我在新书发布会常常遇到不知道什么是"锁喉"的读者，因为那是一个听起来很恐怖的形容。从另一个生理角度来理解，由于人体十四条经脉都经过颈部，敏感的人如果其中有一两条经脉产生堵塞，就会觉得卡卡的。不敏感的人可能要堵塞到五六条经脉才能觉得喉咙略堵，但对于敏感者而言五六条经脉的"塞车"，可能就会产生吞咽困难的严重锁喉感。

可以推断的是，造成锁喉的因素，是通过颈部经脉受阻的表征。我们由此了解喝茶时的锁喉，是因为茶叶引起的经脉不通导致身体不适。这也解释了为什么在同桌喝同一款茶的茶友，有时候会喝到一款普遍让大家锁喉的茶叶，有时候却只有少数人有锁喉的反应。前者是同款茶叶使大部分人的颈部经脉不通，表示此款茶使一般人的数条经脉同时堵塞了；而后者只有少数人有反应时则可能有三个原因。一是此款茶叶造成少数的个人孱弱的经脉堵塞而锁喉，所以不适合这些人饮用。二是少数个人的经脉通畅，敏感度高于其他的茶友，所以虽然他人未感受到锁喉，但自己反应明显。三是其他人都锁喉了，却只有一个人没锁喉。

此时这一个人就要注意了，如果是刚接触茶，则可能是身体不熟悉茶叶带来的反应，可以多多练习；如果喝茶茶龄已久，则可能是这位茶友的经脉早已严重堵塞，此时检查一下自己颈部僵硬与结节的情形是否严重，是的话，早些咨询医生的建议。这些年的经验中，有一个明显的现象，越是茶龄久的茶客，像是喝茶有二三十年经验的，越不易感受到茶叶的问题。原因不外乎两点，一是对于问题茶叶的危险信号习以为常，认为就算卡了喉咙也是正常的；另一点则是已经丧失了与生俱来如同纯真孩童的敏感度。无论如何，古谚的病从口入，告诉我们疾病的入口就是口腔，而喉咙是第一道关口。一旦发生锁喉，是病从口入的生理反应，也是身体告诉它的主人可能有疾病将进入体内的警报。

身品第二式 胸：农残对心肺的抑制

很多人发现空腹喝茶会促进心脏机能的亢进，导致心跳加快、头晕等，严重者会出现心慌闷、呼吸急促等情况。人在空腹时可以吃饭，却说空腹时喝茶会出现这么多问题，那我们为什么还要喝茶？或者为什么很少人怀疑是不是所喝的茶出了状况？

农药中毒里占最大宗的有机磷中毒时，会发生支气管壁收缩，心脏活动抑制，也会造成呼吸道的炎症病变，让呼吸道腺体分泌增多而形成痰液，严重时会造成呼吸肌肉麻痹及呼吸衰竭而死亡。大家可能好奇，农药中的毒素为什么会造成人体如此广泛的危害。

惊恐的锁喉经验

有一次我到一位上海的友人家小住一晚，对方是上市公司老板。餐后他兴致勃勃地拿出一款售价不菲的普洱茶，告诉我他几乎天天喝，觉得既暖胃又养生，也请我帮他鉴别一下茶的好坏。他不用小壶的功夫茶泡法，而是北方大杯茶的形式，将一大杯稀释后汤色颇淡的茶递给我。

本以为在社会顶层生活的人，对茶叶会非常讲究，于是安心地喝了两口，结果先是喉咙紧缩，最后头晕胀痛得厉害，他随即吩咐太太把剩下的茶叶都扔了。这里我想告诉大家的是，茶叶的干净程度与售价无关。近年来平时忙碌于工作的社会精英们，开始懂得利用时间放松，喝茶成了重要的选项之一，但是茶叶的安全却又是大家最头疼的问题。

前一阵子很流行的一家外带杯饮，极盛时期排队时间动辄 30 分钟起跳。有位朋友很喜欢喝他们家的招牌饮料，几乎每天一杯。他知道我分辨得了农药残留后，拜托我去帮他确认一下。后来为了这杯人气爆棚的招牌茶饮，我在艳阳下等了足足 30 分钟。虽然我要特别表扬服务员的热忱，愿意替忘了叮嘱要去冰的我重做一杯。但结果仍然很残酷，抿了一小口后，剩余整杯被我倒在路旁的下水道，我只能以惊恐来形容农药残留的锁喉体感。

另外，有一位超爱喝茶饮的朋友，这两年来更上瘾到了一天一杯的习惯，直到有一天全身起了红疹，而且痒得难以忍耐。她现在只要喝到一口茶，就全身红肿巨痒，不论中西医都束手无策。

其实试想 2017 年台茶产量 1.34 万吨，而当年进口茶为 3.2 万吨，比台茶多出 1.86 万吨。这些东南亚的进口茶的确填补了市场需求的缺口，但是进口农药标准与执行问题，让消费者的权益如何受到保护？我相信所有的店家也希望可以买到来源干净、物美价廉的茶叶，但是如何为这些店家把关呢？

我有几位罹患咽炎又爱茶的朋友，常开玩笑说自己有个很好的茶叶问题检测仪，其中一位深圳的朋友特别喜欢台湾茶。他说自己喝茶时，如果茶叶问题轻微的，咽喉就干涩，有时还会发痒，而问题严重的就会锁喉。只有喝到台湾茶的时候，都没有这个问题，所以就此爱上台湾茶。另一位则感受到，越自然的茶，越没有化学添加的茶，喝起来咽喉就不会不舒适；反之，问题越严重的茶越容易发生干涩、吞咽不易与麻痒，而最严重的状况也是锁喉。

答案是农药主要毒害的就是神经系统，原本的设计就是让害虫产生神经系统病变而死。

　　许多农残重的茶，就算不空腹也会让人呼吸不顺畅，仔细观察肺活量，还有减半的现象，有的更需要喘大气才能缓过来。严重点的，还会产生心悸。胸口是安全饮茶的第二道关卡，农残对胸内脏腑机能的抑制，值得大家在喝茶时多留心。

云南临沧茶区，仿佛置身世外桃源。

透过品茶感知自然信息

有一次在朋友的引见下，在深圳拜访了一位据说在普洱茶山闯荡三十年、人称茶王的前辈。由于初次见面，不好意思只是去蹭杯茶喝，就自带了款茶叶在身以备不时之需。茶王开门迎接，看到里头已有三位茶友在等候。寒暄了一会儿后，茶王开口问我有没有带茶来，我从包里拿出预备好的一款 2008 年易武的野生茶交给他。茶王打开包装看了看，立刻又打了电话叫上一位女士来参加。我这才知道，原来在场的都是茶王的学生。突然明了不知友人如何介绍我，让我成为最后一个知道这是场斗茶会的人。

这款易武茶汤甘甜沁心，一饮仿佛回到了其产地 2500 米易武顶峰的幽山秀水，我执壶泡茶，将心中的桃花源倾泻于众人杯中。茶王饮毕，要我稍后，开始翻箱倒柜在自己的仓库里找了又找，足足有二十分钟。终于茶王拿出了一个袋子，告诉他手中的茶，是同一茶种、同一易武产区 2013 年的生普。然后很自信地说，他这款茶表现比我的好。这次轮到茶王执壶，我一杯入口，静默片刻后，缓缓地说："您这款茶，的确在韵的表现上，更加云雾缭绕，口齿留香。但茶气在膻中穴附近无法下行，胸口有闷胀的状况，呼吸不甚顺畅，有时胸口内部还有麻感。"茶王没有再解释。

这也是我从近几年干旱区采收的普洱生茶，包括古树茶中观察到一个共性。 如果连古树茶甚至野生茶都有这样的情形，表示茶树的生长环境，受到一定程度的污染，不再纯净自然。 如果 2500 米的纯野生茶仍然受到工业污染，那只能有一个原因，就是无国界的雨水将污染源自工业区带到茶区，再加上当年该地区的干旱所造成的现象。 我在以"茶"为师的过程中，一次又一次发现茶所传递来的信息：自扫门前雪的时代早就已经过去，如果人类不共同维系地球整体环境资源的洁净，喝一口干净的茶，将逐渐成为历史。

在一次深圳的茶博会中找茶时，我试过许多款存期不长的生普后，发现一款大雪山 2013 年的生茶，意外地茶气并没有锁在膻中穴，也没有胸口闷胀的状况。 茶农告诉我产区在大雪山 3000 多米的保护区，冬天下雪，到了温暖的季节积雪融化，使得长年水分供应充足，难怪仍能保持纯净的质感。 只是这杯水车薪的大雪山茶叶，每年的产量还不足以供应任何一个店家。

临沧茶区野花春季盛开。

身品第三式 胃：肠胃的抗议

　　20 多年前我在美国工作的那段时间，常与一位台湾的友人在硅谷上中国馆子，坐在餐桌前立刻有服务员来倒茶。友人每回都要强调一次空腹喝茶伤胃，所以他饭前一定不喝茶，我对这位朋友固执的坚持至今印象深刻。直至今日，几乎所有茶会的中场休息都会准备茶点。我与几位茶老师交流过，准备茶点的考量论点虽不尽相同，但有一点交集是茶中的茶碱与咖啡碱等明显地刺激胃酸的大量分泌，加快肠胃的蠕动，加速消化系统的代谢，我们比较容易感到饥饿。所以在品饮三四款茶的茶会中场休息时，吃点备妥的茶点可以减缓空腹的疑虑，也怕如果喝到空腹会产生头晕、恶心、胸闷等现象。

但当我参加许多茶会并仔细品饮茶会中多种茶品后，观察到的是不同的结论。如果喝到的是问题茶，将造成肠胃的不适，症状轻时恶心、肠胃收缩；重时则胃痉挛。但不单是胃会出现状况，更经常同时伴随着胸闷、肺活量减半，或心跳加速、锁喉与头痛的状况。也就是需要全面性检视饮水线的喉、胸、胃与脑，是否有不同部位均产生了不舒服的症候。如果以上症状有三点吻合，那茶叶中农残高的机率就很大了。

这时候食用茶点显得很重要，首先它缓和了胃的紧收，消化的蠕动减缓了胃的神经刺激。再者许多因喝茶造成的不适会伴随低血糖的现象，食物纤维会促进血糖的生成，适时补足多处器官与细胞对血糖的需求。

曾有一位同事在与我共事前，做了好几年普洱茶的销售。她的生活乐趣之一，是下班后与一群老茶客到处品茶，自己在家也经常喝茶。有一天她告诉我她胃寒到闭经，请了一位老中医帮她调身体，老先生还暂时禁止她喝茶。我请她带来她最常喝的两款皆是布朗山的普洱生茶，一款存期4年，另一款存期6年。试完我忍不住告诉她，难怪你会胃寒到闭经，这两款茶下肚后胃就跟塞满冰块一样寒。但这并非表示普洱生茶必然属寒性的，有少数寨子的茶，刚做好就是热性的，一点都不寒。云南茶山广阔，论普洱茶的特性，要依山头一处处试，不好以偏概全。

由于市场对于茶叶选评的主流，依然把焦点放在口与韵，几乎忽略了身体的体感才是一款茶安全与否的关键。其实真正自然的茶，不仅能空腹饮用，还能产生饱足感。所以喝茶时还应将关注的焦点从口腔移转到肠胃，倾听肠胃要诉说的故事。

身品第四式 脑：醉茶的现代式

习茶的过程中常被提起的议题之一是醉茶，醉茶的原因是什么众说纷纭，许多茶老师也持有不同的论点。由于醉茶的概念源自醉酒，尤其是有混酒易醉的说法，所以也有人说混着不同类的茶一起下肚容易醉茶。

比较普遍的解释，是茶中所含的多种生物碱和茶多酚，具有兴奋大脑神经、促进心脏机能亢进、影响胃液的正常分泌等作用；或是吸收了过量茶中的咖啡碱，而出现过敏、失眠、头痛、恶心等症状。而容易引起醉茶的情境，像是平时不喝茶的人忽然摄取过量的茶，或者大量饮用普洱生茶、绿茶或发酵度低的茶类，以及空腹喝茶时。

我在 2013 年的一次广东潮州出差，迎来人生第一次严重的醉茶，就基本推翻了上述的因果关系。与潮州友人在当地用完晚餐后，选了一道凤凰单丛作为饭后饮品，喝了数泡之后觉得头痛欲裂，似乎脑中有一股撕裂般的拉扯，这样的不适一直持续到回饭店就寝前才逐渐消去。

这次的经验在过了许多年的今日仍记忆犹新，占有农药中毒比例最高的有机磷中毒，所严重影响的交感、副交感神经就是主宰五脏六腑的神经，而由脊髓与脑构成的中枢神经是所有神经细胞集中的结构体。农药的神经毒素透过相互交织的交感、副交感神经传递到五脏六腑，又将五脏六腑受到伤害的信息经由脊椎持续传递到脑，进而形成一个负面循环的回路。王唯工教授所研究的谐波理论，解释了五脏六腑会产生各自的频率，当至少十个谐波频率的不当刺激汇聚到脑后，喝到农残超标的茶会产生如同宿醉的结果也就不令人意外了。

2014 年台湾《今周刊》以"一杯茶竟含 22 种农药"为题，揭露了一家供应台湾早餐店茶饮的大宗批发商，旗下一款茶叶居然被测出了 22 种农药，且其中杀死同一类虫害的农药重复用了 6 次。另外，在送样的 58 件样品中，农药超标的有 7 件，而同一款茶叶中验出 10 种以上农药的有 10 件。

《今周刊》指出，送验的茶样一般农残的种类在 6 到 8 样或以下，并分析了许多批量生产的厂商都需要大量进口东南亚不同国家的茶叶进行拼配。试想如果一款茶平均能测到 7 种农药，只要拼配了 3 个不同产地的茶叶，那测出超过 21 种农残的茶叶就不稀奇了。

《今周刊》还表示，根据 2006 年美国加州大学的环境毒物专家泰隆·海斯（Tyrone Hayes）所率领的团队，花费四年时间研究农药残留对青蛙的影响，发现田间因多重农药混合使用，就算是每支农药的剂量按照规定，却因为混合支数过多，最后仍让田里三成五的青蛙死亡。而存活下来的，则有发育迟缓的问题。

醉茶与其解药

有一次与朋友相约，从深圳到香港拜访一位经营某士多店的奇人，也是我遇到的唯一一位几乎能将宋徽宗的《大观茶论》倒背如流的人。他甚至告诉我宋徽宗自己不用茶筅点茶，用的是如同他研制的一只特殊的汤匙。一家毫不起眼的士多店，有这么一位香港业内人士介绍的传奇人物，让我十分珍惜这个机会。喝他推荐的第一款"铁观音拿铁"，是以铁观音为茶底佐以鲜奶，以汤匙来回刷动的击拂法点茶，最终呈现的是茶味与奶味融合得完美的创意之作。滋味无懈可击，但是我从第一口开始就头皮发麻，喝完一整碗后有点头晕目眩。为了持续向前辈请益，我强忍着身体的不适，一共喝了四款茶。

赶上香港回深圳的最后一班大巴，回到住处梳洗后已近半夜，躺在床上半小时后脑中依然有无数刺激的信号从四面八方而至。自己很清楚这次的醉茶正是农残所致，既头疼全身又无法放松，这样下去得彻夜无眠了，于是起身烧水，抓了一小撮武夷山桐木关的野生红茶丢到马克杯中，就这样喝了满满一杯。20分钟后所有的不适逐渐退去，让我一觉到天亮。喝到农残高的茶，最好的解药就是无农药污染的自然茶，尤其是野生茶。自然而强劲的能量有助于纾解因农残刺激而导致的神经与脏腑的不适，以及经脉上的阻滞。

时至今日，真正醉茶的原因既不是茶碱或茶多酚，也不是咖啡碱。 我在饮用纯野生茶与早期未施用农药化肥的栽培茶中，甚至是纯天然栽培的咖啡中，常感受到既放松、舒心又精神抖擞，晚上还能好眠。

结论是，大家遗漏一个醉茶最主要的可能：农残。

身品第五式 湿仓茶 VS 脾湿

湿仓茶，在普洱茶这类以后发酵为主要途径的茶种，人们期待入仓（高湿度的仓储）后会加速茶叶的转化，达到干仓茶叶转化速度的数倍至十数倍。 茶叶在适切的入仓转化后，涩味去除，茶汤转甜，汤色与叶底转红，普洱生茶的活性仍存在，受到不少茶客的喜爱。 然而在现实中，如何将适当的入仓这种工艺加以规范并普遍施行，是极大的挑战。 如在普洱茶界受到认同的香港陈茶，入地仓以天然湿气加速陈化，退湿时利用干仓将湿气退却的历史轨迹，已衍化成更为科学的实践。 香港近年更发展出面朝东南方，背面依山的半地仓仓库，作为湿仓茶转化最有效率之基地。

只是部分湿仓茶，在制作过程中为了缩短时间，并未做好适当的湿度控管。 其实，人类与植物有许多的共性。 人怕湿，茶叶也怕湿。 茶叶一旦过度受潮，再多次的焙火也无济于事。 焙火是将表面的湿度焙干，但深及骨髓的湿气无法以焙火去除。 这就如同中医的刮痧与拔罐，再怎么厉害的中医师，都只能去除体表部分的湿气。 饮用过度潮湿的茶叶，等同将湿气引入体内，长期饮用湿气过重的茶叶，造成更多湿气的累积。

《黄帝内经》中说"诸湿肿满，皆属于脾"，意指脾脏是转运与化解体内湿气的主要器官，健康的脾脏才不会使湿气滞留在体内造成水肿。而中医把风、寒、暑、湿、火、燥称为六淫邪气，其中"湿"为最恶。如果湿气太重使人生病后，病人可能会出现头脑昏重、四肢酸懒、食欲不振、胸中郁闷、胃腹胀满、恶心欲吐、舌苔厚腻等七种症状。所以脾脏的保健在对抗湿气症状时至关重要。

会胸闷、锁喉的受潮茶

有一次我在一家深圳的茶馆讲茶，课后一位同学问我，她为什么现在一喝到不论什么茶，就会全身不舒服，而且看医师都找不到治疗方法。我探问她以前的工作性质，原来是帮茶馆试茶的采购。再仔细询问是不是喝了什么茶，喝了很多导致的。她回忆后说，当时喝得最多的是熟普。我问她上述七种湿气的症状感受到几种，她表示有五种。

判断湿仓茶是否过分潮湿的体感标准，主要表现在胸闷与锁喉上。有一回我在新竹讲课，一位体感敏感度特殊的学员，形容我提供的湿仓茶教学样品，让她感受到有很多细小的虫子在胸部、喉咙，甚至脑中扩散与滞留。湿仓的环境容易成为霉菌的温床，除非有专业仓储的湿度调控机制，否则孕育出的霉菌会与茶品共生，一旦经过冲泡释出于茶汤，就会随着饮用进入人体。

但是胸闷与锁喉并不是立即的，需要更细致地观察，感知的快慢与自我觉知力的训练相关，但可以先观察自己呼吸的顺畅度。依我的经验，霉菌会先入侵肺部，造成肺部阻滞与肺活量减少，然后原本应随茶汤下肚的茶气下行时在肺部受到阻滞，难以下行的茶气最终还是会回堵到喉咙造成锁喉的现象。另外，常被茶友问到，受潮过度的茶，用沸水不断熬煮是否可以祛湿。答案是，对于霉味可以改善，但是湿气与霉菌不会因为煮沸而消弭。

以身品茶的乐与苦

　　当身体能够接收茶叶所带来的细微信息，就好似打通了品茶的任督二脉，享受茶世界里头的天人合一。 在学到一身武功绝学后开始蠢蠢欲动，斗茶，是闲暇时的最佳嗜好。 往往自带几款茶，没事时跑遍大街小巷找人踢馆。 特别爱与茶人交流，向博学多闻的茶人偷师，希望能减少自己走的错路。

　　买茶成了另一项嗜好，到处打听好茶的流向，听朋友说有哪一款茶好且机会难得，想着先买上一些好自用与增值。 找了机会深入产区与茶农打交道，不论是梨山的高山茶，浙江的绿茶，云南的普洱，或者武夷山的正山小种，有着一种与茶共枕的踏实，都到了茶农家里了，总不会再上当了吧！不知道怎么才能藏得好茶，于是茶叶罐左买右买，搞得自己越来越专业。

　　对茶的理解进阶了，对茶具的品位也升级。 除了名家的极简线条但气韵深厚的作品外，开始不喜欢太单调的东西，在茶世界里体悟的茶韵变化万千与气流全身，希望在茶器里也找到对应。 茶器的釉色变化，土胎材质的考究，器型的姿态与顺手程度，依着自武夷山桐木关茶区的竹林胜景。

釉色的考究与茶器的审美，
都随着对茶的理解而提升。

极简线条但气韵深厚的作品，
展现陶艺家非凡工艺。

手工陶坯拥有特殊魅力，一把壶的无限张力。

茶席间倾倒出的，是心中对自然的向往。

試着让香事的意境进入你我的日常。

己的个性与不同阶段的体验，一点一滴搜罗。

　　茶具个性化了，茶席也随之讲究，美感的提升只是一念间，一切随着对茶的感知而跃进。茶席的布置，是主人真性情的流露，但不管怎么搭配，总觉得少了些什么。后来才发觉，最简单的颜色，最自然的材质，不论是麻布、竹席或者木头，能将茶与喝茶人的心境，协调得低调而灵动。

　　沉香，成为茶室中的常客。为了不干扰品茗的香气，学会在茶事之前或中场休息时点燃。"即将无限意，寓此一炷烟"，宋代焚香的意境，传承于今日，好不惬意。望着墙上的空白处，盘算是一幅怎样的字画，能将隐藏在内心世界，对精神层次的追求衬托出来。

　　正当啜着一口茶进入冥思的一刻，突然感慨好茶越来越难寻。想着几年前买到一批茶叶的性价比，就后悔当时没能狠下手多买一些。近年来茶叶的价格逐年攀升，品质又远不比当年的优。在外头喝茶交流，除了几位刻意相约的战友，逐渐找不到对手。不是不愿意提携后进，只是有点话不投机，不知道所谓的"点到为止"是该说到哪里。

花与画的对话，也是与自己的精神对话。

正当啜口茶进入冥思时，突然感慨好茶越来越难寻。

古诗词 与 以身品茶

七碗茶歌

唐·卢仝

一碗喉吻润， 二碗破孤闷。

三碗搜枯肠， 惟有文字五千卷。

四碗发轻汗， 平生不平事，尽向毛孔散。

五碗肌骨清， 六碗通仙灵。

七碗吃不得也， 惟觉两腋习习清风生。

| 作者 |

卢仝，唐代诗人，号玉川子。因为刻苦读书，博览经史，自年少便因才能出众而负有盛名，后来受到韩愈高度的欣赏。虽家境贫困，但性格孤傲，两度拒绝朝廷任命。

卢仝爱茶成痴，他的《七碗茶歌》成为传世名作，是中国史上的茶诗最高境界的代表。在茶史上，与陆羽的《茶经》齐名。原文意旨：

第一碗温润喉咙；第二碗驱解烦闷；第三碗该怎么形容好呢，因为肠枯思竭，非得在五千卷的文字中找寻最佳的形容词才可；第四碗微微发汗，生平不公平的情事，都向毛孔散尽；第五碗洗涤了肌肤与骨头；第六碗通了仙灵；第七碗只觉得两腋下清风徐徐。

这首七碗茶歌乍看下是卢仝连喝了七碗茶，对每一碗的饮茶后不同心得的抒发，其实更是卢仝叙述七个品茶境界的精辟见解。这个章节，探讨的是"以身喝茶"，我只谈到第四碗。其余的三碗，在"以心品茶"时再深入分析。

第一碗与第二碗，在字面上就容易理解。第三碗的叙述很有意思。因为不禁让人好奇，一碗需要搜寻五千卷文字来找形容词的茶，到底有多好喝呢！而文字，是诗人内心中最真实的呈现，细微的茶叶等级与入喉表现的区分，必须以细微的文字来形容。换句话说，如果形容词不足，则品茶会有瓶颈无法越过。这也就是为什么历史上文人骚客中有许多品茶高手，而卢仝的《七碗茶歌》能成为传世巨作的原因了。

第四碗微发轻汗，是卢仝通茶气的表现。"尽向毛孔散"，则显然是在气的理论架构中分析过的，茶气透过第九谐波的共振，通向腠理，也就是皮肤表面散去。卢仝在这部分的体验中，加入了情感的叙述，将心中的不平随茶气而散。

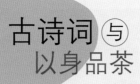

古诗词 ⑤ 与
以身品茶

闽茶曲

清·周亮工

雨前虽好但嫌新，火气未除莫接唇。
藏得深红三倍价，家家卖弄隔年陈。

| 作者 |

　　周亮工，明末清初人。在福建当官十二年，是他官场生涯最重要的阶段，对福建的政治、军事和文化有一定的影响力。著有《闽茶曲》十首，被誉为闽茶简史。

| 诗境 |

　　选定的这首诗，是周亮工最常被世人传诵的一首。原文旨意：

　　谷雨（二十四节气之一，阳历四月十九至二十一日）之前采收的茶叶虽好但嫌太新了，火气没有消除之前不要接触嘴唇。藏茶藏到深红

武夷岩茶春天的采收旺季，在茶山小路上的挑夫络绎不绝。

武夷山大坑口之大佛，与正岩区美景交相辉映。

色时可以卖到三倍的价格，家家户户都大卖放到第三年的茶叶。

　　这首诗探讨的就是福建的武夷岩茶，并且将焙火的火候与藏茶开封的时间点，点评得非常传神，足见周亮工自身的品茶能力非同小可。武夷山的砂砾岩土壤，来自特殊的丹霞地貌，茶树吸收了岩石的特质后，茶叶内质丰富形成岩韵，焙火后有着独特的岩骨花香。花香因为品种的不同与焙火火功的高下，而有不同香气的表现。而岩韵与花香的平衡点，则需要焙火师傅的功力，靠看茶焙茶的经验，取得最佳的平衡点。

由《闽茶曲》看武夷岩茶

传统的岩茶，自雨前采收并初焙去水汽后，会分三个阶段，依市场需求与茶农的手艺，自六月开始花上三到五个月的时间不等，以荔枝炭在传统的竹笼焙火间烘焙。 由于传统是深度烘焙，不能一次到位，否则茶叶容易炭化，所以每一个阶段，让茶叶的水汽吐出来一部分，焙火后放置十天半个月甚至足月，让茶叶呼吸活化，之后再进入下一个阶段的烘焙。 第一个阶段的半成品，称为中清火，汤色呈金黄色。 第二个阶段的半成品，称为中火，汤色呈橙黄色。 最后一个阶段的成品，称为中足火，汤色呈橙红色（如下页图所示）。

中清火

本来是半成品的中清火，由于香气高雅迷人，火味不显，受到很多口味较淡的消费者所喜爱。 所以原本传统定义的半成品，成为了有特定族群喜爱的商品。 只是中清火的岩茶，水汽仍未全消。 通常一年后反青，存放不易，最好一年内饮用完毕。 反青，意思是残留在叶片中的水分，在保存的过程中转移到表面，产生青味。 青味就好似我们炒青菜时，不小心锅盖焖久了，比正常的菜味多出了一个"焖味"似的味道，许多人在意。

焙火度自左而右：中清火、中火、中足火。

中火

中火，有关香气与岩韵，是由炭火调和到平衡感绝佳的一个阶段。 这时候的花香，被炭火转化为内敛却极有张力；厚重的岩韵，遇上浓烈清幽不一的花香，被调和得生气勃勃。 中火的火气，焙火后一般放置一至三个月后可饮用，非常适合当年即饮。 茶农表示，中火茶一般约二年反青，如果需要存放至老茶，还需再次焙火后再储存。 但有茶友藏茶十数年的中火茶，表示只要存放干燥得宜，还是风味绝佳不见青味。

中足火

是老茶置放的起点。 但是"火气未除莫接唇"这段古有名训，

传统炭焙竹笼的焙茶间。

很多人看得懂字义，却不知其所以然。武夷山的茶农，因为每年焙茶时，必须试数百次半成品的火候，早已习惯于火味。不仅"接唇"，部分茶农仍直接在试茶时饮入口腹。殊不知当年刚焙好的中足火，火气强旺，入口在口腔至喉咙端燥性炽烈，一般人身体承受不了这样的燥性。

其实在周亮工《闽茶曲》诗后，自行注解了一句"上游山中人不饮新茶，云火气足以引疾"。清楚说明了山上的茶农不喝新茶，表示火气足以引起疾病。但是现代人口味偏重，尤其遇到瘾君子，还觉得特别对味。那到底要多久时间，火气才能退去？"家家卖弄隔年陈"，周亮工已经帮我们解答了，"隔年"就是第三年的意思。中足火的岩茶，到了第二年，燥性退去的程度仍然不足，饮用时仍需当心火气的问题。但是到了第三年，"家家卖弄隔年陈"时，火气已退，正式成为"陈茶"。优质的内质随着焙火与陈放，花香入汤已转为内敛而不张扬，岩韵更显风韵，堪称绝品。然而价格也到了被商家"卖弄"的时间点了。

第四谈

内观所要锻炼的两大能力，就是觉知力与平等心。觉知力的所缘，是肉体的感知。要培养的是，感知全身上下，由里到外的所有细微感受。例如痒、痛、冷、热、麻等等。

以心品茶

人心与茶对坐

荀子在《解蔽篇》说："人何以知道？曰：心。心何以知？曰：虚壹而静。""虚壹而静"中的"虚"是指不满足已有的知识，虚心学习；"壹"是指专心一意于正确的选择；"静"是指抛弃心中杂念，贵在坚持。明代理学家王阳明在《答季明德》说："人者，天地万物之心也；心者，天地万物之主也。心即天，言心则天地万物皆举之矣。"王阳明认为，道德实践的主体"心"就是宇宙创造的本体"天"，言明"心即天"的天道论。

我们为什么要以心品茶？喝茶，不只是人与茶之间的关系。茶农必须以慈心做茶，茶才能干净；茶商必须以善心卖茶，茶才能养生；人如能以心喝茶，茶才能养心。天地之间，心主宰了一切，却也容易被蒙蔽。如果可以回归荀子的"解蔽"，人在喝茶时以"虚"不满足现有对茶的认知，不断虚心学习；以"壹"专心一意于不偏颇的茶道；以"静"抛开心中杂念，坚持对茶怀有一颗纯净与感恩的心。心，才能真正认识茶，才能认识大地所赋予茶的力量。

台湾庐山生态茶园的土壤保育与自然风光，令人印象深刻。

以心品茶

透过茶重建人与自然的关系

　　台湾紫藤庐主人周渝表示："透过静默，让人开始与茶产生对话。"啜口茶，茶汤顺着咽喉、食道滑入胃里；闭上双眼，放下身心，透过静默，茶与人之间深度交流，对话于是展开。茶里头所有的信息，在心静的瞬间都将逐步释放出来。

　　茶的心情故事，人是否能理解？在今日，茶也有喜怒哀乐。茶的喜，在于得以生长于自然无污染的环境；茶的怒，在于人的贪婪，对于自己予取予求，同时要求质与量；茶的哀，在于自己没有选择的余地，它无力改变自己的命运；茶的乐，在于伯乐的出现，终于有一波又一波的声音，声援一个无毒的乐园，尽管仍然微弱。

　　当人因爱茶，而后懂茶；因懂茶，而后惜茶；因惜茶，而后扩展至生活，影响工作。人，无论士、农、工、商，如果都有一颗爱茶、惜茶的心，这个世界就可能因此而改变。

安徽六安茶山，自然清幽令人舒心。

与竹共生的福建政和野放大白茶。

《茶经》中说"上者生烂石"，烂石上生长的野生茶茶气劲扬。图为湖南安化野生茶树。

◀ 十字路口的抉择 ▶

先从"农"开始。 在前面《以身品茶》的章节中，我们谈到植物在地上和地下的比例，简要说，除去植物主干，地上部分的质量，大约等于地下的根部。 以灌木型茶树来说，扣除不甚粗壮的主干后，地上植株的质量，大约等同于茶树的根部。 由于现今的施肥方式，多是直接在土壤表面给植物丰富的肥料，使得茶树太容易取得养分，让根部失去扎根的需要与意愿。 一旦茶树放弃扎根，土壤的天然矿物质无法被充分吸收，那么茶树的叶片便难以呈现丰厚的内质。

每当气候干旱时，如果在人工灌溉的灌木型茶树边上掘土，就会发现掘入十几、二十几厘米时土壤还显得潮湿，所以根部不需要下探土壤的深层吸取水分。 当根部无法深入土壤，则茶树抗旱与抗虫的能力就会减弱。 抗旱能力消失，也代表吸收微量元素的能力减弱，茶农便必须浇灌更多的水分，与施放更多的农药除虫，增加土壤酸化与贫瘠的程度，产生负面的生态循环。

我们在台湾猕猴与澳洲袋鼠中，观察到了难解的矛盾。 台湾猕猴与澳洲袋鼠的过度保护，开始有了与农民争地以及入侵家园的争议。 政府对猕猴一方面予以保护，丰富其食物的来源，一方面允许农民扩张耕作的领土，使得猕猴的活动范围与人类活动范围重叠加剧。 结果原本与猕猴共存并相安无事的农户，因为猕猴毁损其作物，且发现有利可图，开始争取国家赔偿与试图猎杀猕猴。而澳大利亚袋鼠因为繁殖过剩，猎杀成为合法，并进入餐桌。

反观茶区，茶农给予肥料是为了保护茶树吗？茶农之所以施肥，是因为希望在最小单位面积，得到最大的产出。长久如此，土地所给予的养分与微量元素，将由肥料所取代，让台湾茶赖以为生的特色茶韵，无从分辨。

台湾的茶叶产量在 2008 年还有 1.74 万吨，到了 2017 年便降为 1.34 万吨。而近几年大陆茶叶产量激增，2017 年除去其他茶类，光是乌龙茶的产量就达 27.78 万吨，约为台茶的 20 倍，还不含越南与东南亚地区生产的乌龙茶。当越来越多的台商将制茶技术带至越南及大陆，生产所谓的台式乌龙茶，台茶的未来面对市场地位被边缘化的事实，该如何应对？

20 世纪 80 年代，冻顶山本来是台茶最优质的产区，由于台湾高山茶兴起，市场逐渐追逐高山韵，而将冻顶茶逐年放下。十几二十年来，有心的冻顶茶农，从施用农药的惯行农法到不施打农药与化肥的生态农法，渐渐走出自己的特色。当茶树不再依赖化学，而能向下扎根在土壤汲取养分，茶叶的滋味便得以展现自然的面貌，最终市场回应的是供不应求。

因利诱导大自然反扑

谈到"士"，不得不正视大自然在我们的周遭，正上演着以往只有在电影中才看得到的情节。纵观过去地球 40 年的气候变化有着惊人的加速，直到 2019 年 8 月，有地球的肺（提供地球约 6%～9% 的氧气）之称的巴西雨林，历经有史以来规模最大的森林大

以心品茶

表 3　气候相关天灾所致损失

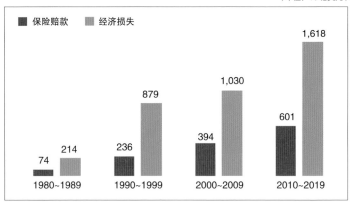

（单位：10 亿美元）

（资料来源：《现代保险》杂志 2020）

火；2019 年 9 月澳洲大火延烧超过半年，10 亿多动物死亡；2019
年 12 月开始新西兰与菲律宾相继发生火山爆发；2020 年 1 月我
国新疆以及土耳其、古巴先后发生规模 6.4 级到 7.7 级地震；2020
年 1 月非洲迎来 25 年来最大规模约 3600 亿只蝗虫虫害；2022 年
印度的平均温度创下 122 年来的新高 37.8 摄氏度；而 2022 年 4 月
南非破豪雨纪录，发生 60 年来最严重泥石流。地球一再历经着前
所未有的浩劫。

　　全球升温可能带来的冲击包括，升温 1.5 摄氏度将导致 2.7 亿
人面临缺水窘况；升温 2 摄氏度将增加 36% 极端降雨事件频率；
升温 3 摄氏度将使每年平均干旱时间从 2 个月增加到 10 个月。所
造成的全球冰河退缩、北半球春雪覆盖缩减、格陵兰与南极冰层融
化、海平面上升、北极海冰范围与深度缩减、极端天气频率与强度

增加等现象，已经到了历史的临界点。

世界气象组织秘书长塔拉斯于 2023 年接受媒体访问时指出，"受到气候变迁和圣婴现象影响，2023 年已升温 1.4 摄氏度，我们先前的报告显示，几乎可以肯定在未来 4 年内，我们将升温达到 1.5 摄氏度。"

鉴于政治人物对气候变迁的不作为，2018 年年仅 15 岁的瑞典环保少女桑伯格于同年 8 月的瑞典议会会场外，发布了一张抗议的照片。经过社交媒体的推波助澜，桑伯格在短短一年间引领了数百万位追随者，并在 2019 年受邀在联合国大会发表演说抨击各国领袖："你们用空话偷走了我的梦想、我的童年……你们所有人所能谈的只是钱，以及长期经济发展的童话。"桑伯格还获选为时代杂志 2019 年的年度风云人物。

然而，人类在面对全球暖化的威胁下，仍有许多自身未解的矛盾，包括为了自身利益不惜发动战争的政客。地球暖化的始作俑者是英国的工业革命，到了二次大战后美国在对气候变迁毫无认知下，以消费力驱动民生经济发展，后果却要让今日的全球人来集体承担。如果有一天全球征收碳交易税，这些先进国家是否应该为历史补税？俄罗斯总统普京就回应了桑伯格："生活在非洲和亚洲国家的民众，想要过与瑞典同等财富水平的生活，那应该怎么做呢？"

这当然是人类的共业，但相信最令世人担心的，是等到具体的自然灾害涌现并无可逆转时，人力已无法回天。"士"的所作所为牵动地球村的共荣共衰，气候变迁影响世界任一角落。而政治人物的一小步，将会是历史的一大步，也会是子孙的全部。

以心品茶

武夷山正岩岩区的好山好水成就好茶质。

马儿自在地休憩于重庆武隆纯净肥沃的水草间。

无国界的工业污染

再谈"工"。工业生产过程中大量排放的气体、水及废渣，会破坏自然环境与生态平衡，并对农业生产造成巨大危害。在工业污染不断加剧的今天，世界卫生组织在 2019 年公布的全球十大健康威胁中，空气污染和气候变迁正居首位。

酸雨，其实只是工业污染中的一个环节。但由于风雨的无远弗届，将污染跨国运输，降临到世界不同地区的农地，且涵盖了北回归线重要的茶区。于是，全世界的污染，没有国界，也不会因为污染源不在家隔壁而能避免。你我为了喝一口干净的茶，原来这么不容易。

商人的良心

最后谈"商"。近年自狂牛症、瘦肉精、三聚氰胺、毒淀粉、掺假混油、铜绿叶素到毒泡面，食品安全没几个月就爆一次。记者访问到许多黑心食品的厂家，问他们吃不吃自己生产的东西，厂家都很干脆地说自己与家人肯定不会吃。

1906 年美国小说家厄普顿·辛克莱根据自己在芝加哥一家肉食加工厂的体验，写成一部知名的小说《屠场》。其中情节描绘发霉的火腿，怎么重制成香肠；变味的牛油，怎么再融化而回到餐桌；毒死的老鼠，怎么经过绞肉机变成香肠。工人习惯在生肉上走来走去，并随意吐痰。据说美国第二十六任总统狄奥多·罗斯福，

以心品茶

在早餐时边吃边读着《屠场》，结果大叫一声，将嘴里食物吐掉，并将盘中剩下的半截香肠用力抛出窗外。最后催生了食品与药物安全法（FDA）。

商人为了赚钱不顾一切，原来一百年前就存在，但是随着新闻的自由开放，我们看到许多原本商誉卓越的公司因黑心事件一蹶不振，也了解到注重食品安全的公司在真金不怕火炼后熠熠发光。开门七件事，柴米油盐酱醋茶，茶无法自外于食品安全。我们也必须了解茶因为后加工的繁复，给予了商人许多机会。 且从许多已曝光的商业行为中发觉，食品的价格并不一定与食品安全成正比。

人与自然一直朝着背离的方向发展，但并非无回头的机会。如果透过一杯简单的茶，透过大家对一杯干净茶的认识，重拾我们对自然美好的尊重与实践。 因为当我们无私地对待大地，对待大地如同对待自己的母亲一般，大地才会无私地以最自然丰富的养分，孕育我们自己与子女所需要的食物。 无论士农工商，体认到一口干净茶的不易，而愿意在日常生活中，在工作的岗位上，在需要决断的时刻，重建人与自然的关系。

内观呼吸法与品茶的关系

　　不论是道家静坐，瑜伽呼吸，或佛家观想等，都对呼吸保健有着独到的见解，其中也有不同派别的实践，以期达到养生的目的。宋代大文豪苏轼在《上张安道》养生诀论中，详细叙述他对内观的心得。他盛赞内观的效果，表示"其效初不甚觉，但积累百余日，功用不可量。比之服药，其力百倍"。

　　他的内观程序，自"内观五脏，肺白、肝青、脾黄、心赤、肾黑"，至"梳头百余梳而卧，熟寝至明"。同时也忌讳三件对内观有碍之事"一忿躁，二阴险，三贪欲"。苏轼脍炙人口的许多诗词，包括《定风波》的"回首向来萧瑟处，归去，也无风雨也无晴"与《题西林壁》的"不识庐山真面目，只缘身在此山中"等，肯定也受到内观的影响，而对人生有不同层次的深刻体悟。

◀ 从内观中找出问题根本 ▶

　　我这里介绍的，是一种禅修的方式，内观呼吸法。内观呼吸的修为，不仅可以净化与提升自我，应用在品茶上，更能在茶与人的对话间，加入心的思维，协助我们对于茶另一个层次的理解。

我在第一次一个小时盘腿不动的禅坐里，看到一位活泼的小男孩，正在幼儿园的班级竞赛中，与老师拉着手拔河，双方各有七八位小朋友在后面卖力地小手牵着小手，使劲地用力往后拽。突然"咔嚓"一声，小男孩放声大哭，原来是脱臼了，整个肩膀被拔河的拉力卸了下来。那个五岁的小男孩就是我。

2011年开始的两年间，只要头向后仰，肩膀上就有一个针刺的痛楚，遍寻中西医无论是拉脖子的复健仪器，或者针灸推拿，总是时好时坏。终于等到2013年的一次禅修中，在盘腿静坐不动一个小时后，整条经脉自右肩膀开始经由腰间至脚踝，又自肩膀连结至右拇指，整条经脉如着火般燃烧。刹那间我完全明了了我后仰肩膀针刺的原因；甚至是做瑜伽膝盖无法伸直，是因为当时拔河时右腿是施力的轴心，右腿经脉拉伤所致。

人在出生后的成长过程中不断往外看，熟悉外在环境的竞争，从学生时期到职场的竞赛，却很少静下来内省。内观所启动的，是内在这个充满能量的小宇宙，是在心净化的过程，同时进行身体的修复，与情绪的纾解。内观让我们看到了一个全新的自己。

内观前的禅定练习

禅定是进入内观前必须修炼的基本功夫，禅修时如果无法使内心清澈平静，便会影响到内观的进程。反之，如果内观时突然受到外来情绪的影响，也随时要回到内观在入门阶段的观察呼吸，让心恢复平静。

观察呼吸

以半莲花式或自在的姿势盘坐在地，必要时臀部可以坐在垫上稍微垫高。颈部与背脊打直，双肩放松，双手盘在腹部前。重点在于颈部与背脊，不要因为颈部与背脊的歪斜而伤害自己，所以这两个部分一定要打直。盘坐时头顶的百会穴接天气，下盘接地气，背脊打直才有机会让身体吸收日精月华。

坐定后，不要改变姿势，最初几次练习，可以是五分钟，十分钟，或者二十分钟。放轻松，不要给自己压力。坐定后，闭上双眼。将关注力放在鼻尖的吸与呼，观察自己一呼一吸，想象自己是一杯充满杂质的水，时间越久杂质越能沉淀。注意力不要从鼻尖移开，一直关注着……一直关注着鼻尖的呼吸……不要试图利用腹部呼吸或其他控制呼吸的方法，就只是观察，让自己像个旁观者观察自己的呼吸。

刚开始专注于鼻尖时，因为不知道怎么随顺着呼吸的节奏，反而突然觉得不知道怎么呼吸了。这时候，放轻松，深呼吸几次。用深呼与深吸调和自己的情绪，只是觉知，不去管呼吸的节奏，直到感觉到自己的心绪慢慢放缓，呼吸自然顺畅。

数息与回拉

如果思绪如羽片纷飞，很难沉淀下来。利用数息来帮助控制，

以心品茶

吸气数"一"，呼气数"二"……吸气数"一"，呼气数"二"……直到自己发现呼吸的节奏放缓，心思也慢慢沉静后，放下数息，再次关注鼻尖的呼吸。如果发现思绪被其他工作上的事，感情上的困扰，生活上的麻烦干扰，以富有慈爱的"正念"，将分心排除，拉回专注力放在鼻尖的呼吸。如果还是无法将杂念排除，试着数息自一到一百，期间做到不分心到其他杂念上，只是专心地数息，直到纷乱逐渐沉淀。

驯服野象

古人曾形容禅定像是驯服一头野象的过程。将捕获的野象以一条韧性强的绳子绑在柱子上，野象刚开始会不断想要挣脱，想要扯断绳子获取自由。过了几天的疯狂尝试后，野象筋疲力竭地放弃了。于是我们开始喂食它，并在安全范围控制着它，直到它完全被我们驯服。然后解开绳子，给予野象许多不同的训练，使它能完成许多艰难的任务。这头野象，就是我们狂野的心；而绳子，是我们的正念；柱子，则是我们禅修时所缘的对象：呼吸。

觉知力与平等心

内观所要锻炼的两大能力，就是觉知力与平等心。觉知力的所缘，是肉体的感知。要培养的是，感知全身上下，由里到外的所有细微感受。例如痒、痛、冷、热、酸、麻，等等。觉知力的开发，关系到内观时对自身身体与情绪的感知能力，感知后只是观察，不做任何动作。平等心，是对万事万物一律平等对待，没有分别心。在身上感知到的不论是喜欢的与不喜欢的感受，都只是观察，都只是接受。

人因为身体的伤害，与情绪的过度起伏，长年累月在经脉中累积了大量的垃圾，包括细菌与酸水，这些可以在"心"净化的过程中消融。身体伤害包括外伤，如车祸或跌倒摔伤等而伤及经脉，也包括现代人电脑与手机低头族的颈椎伤害；情绪上则包括贪念、爱欲、憎恨、愤怒、追求功名，等等，所有不如己意而造成的情绪垃圾。内观通过对心的净化，启动对身的治疗机制，让我在十天内完全治愈四五十年来的旧疾；也有人当场在禅堂嚎啕大哭，夺门而出。事后了解，是因为触动内心最深层的情绪，当情绪自深处浮现在身体表面时，哭，是一种释放的方式。

觉知力与平等心，是内观路上并行的两条腿。想要觉知力敏锐，则平等心要精进。不只是在内观的过程中，达到对所有感知保持不喜不恶的心；在生活中，也要对于所有挫折与逆境，成功与喜悦保持平常心，因为万事万物，不会停留在哪一个片刻，一切都是变化的。也唯有一切以没有好恶的平等心来练习内观，所有再细微的感受才能被觉知。

进阶的内观是一个无法 DIY 自助学习的禅学。因为当禅坐时产生锥心刺痛，忧虑是不是腿快要断掉时；当情绪无法控制，放声痛哭不能自已时；当长时间禅坐腿麻，产生种种幻象时，身边有一位可以咨询的禅师，是必要的自我保护。所幸品茶所需的内观能力，并不是高端的。我省略所有进阶的禅修方式，介绍最基本的觉知方法。

练习觉知力

把整个上嘴唇上方，与双鼻孔下方这个呈现梯形的区域，当成是观察的区域。这个时候，放下对呼吸的观察，专注于这个区域的觉知。皮肤上任何细微的感受都不要放过，不论是痒、痛、冷、热、酸、麻等。

刚开始练习，可能什么都感觉不到，不要灰心。透过禅坐的过程，一点一滴地培养这个区域的觉知。也不要一觉得痒，就伸手去搔，只要像个旁观者，在一旁观察感知的生灭。

内观在品茶的应用

近几年我的"觉知饮茶"课程中，有一堂"静坐与觉知力开发"，就是以喝水与喝茶作为对比。先从一杯水开始，感知与记录它在饮水线的喉、胸、胃，和最后传递到脑的信息。接下来比较一杯茶与水的不同。随着茶汤在体内的顺向，它自咽喉进入身体，经过胸腔到达胃部。咽喉、胸腔与胃是最直接的感知器官，也是内观的首要对象。然而对经脉产生的影响，则当观察茶汤从口腔进入，并渗入颈部的十四条经脉后所带来的细微感受。感知的关键在"舒服与否"，从喉、胸、胃到脑，有没有紧收或不舒服，这是判断一款茶是否安全的基础。

将觉知力练习中，所培养的鼻下梯形觉知能力，转而来观察任

以心品茶，可借由内观体
会出不同意境。

如果是一款干净的茶，则大地纯净之美也将展露无遗。

何茶汤注入喉咙后，在体内任何部位产生的肉体的细微信息。开始时选择一个信息最强的部位来观察，例如心跳，深入观察茶对于心脏的影响。再如呼吸，观察呼吸是否顺畅，或者肺活量是否受到抑制。

如果喝茶后心跳快得异常，到底是情绪的影响，还是因为茶刺激了身体，让身体造成了心跳的加速。有时候是因为喝茶时，身边坐了一位心仪的美女或帅哥，借由呼吸的感知，判断是否因为心花怒放而心跳加速。如果是，这时候连喝水心跳都会加速，那不妨试着以平和的呼吸舒缓情绪。但如果反复利用这个方法也无法排除心跳异常，便是茶的刺激影响身体，造成心跳的加速。

茶造成心跳加速，是茶不好的警报吗？不一定。透过内观，持续在茶进入到体内不同区域时，观察它的综合影响情形，主要的指标还在身体整体的舒服度。从第一个观察点心脏，到其他第二个点例如胃，或第三个点例如脑的观察，产生觉知的线或面，如此可以让我们对一款茶有全面的了解。透过练习，与经验的累积，则一款茶受到多少农残的影响、多少重金属的影响、多少工业污染的影响，将越来越清晰。反之，如果是一款干净的茶，则大地纯净之美也将展露无遗。

观出茶人脾湿之症

　　有一次与前辈一起品尝一款 20 世纪 70 年代的湖南黑茶。入口时一直没有锁喉的体感，而且身体自胸口、胃、大腿、脚底与手心依次热了起来，将冬季的寒意悉数驱散。虽然当下觉得胸口紧紧地揪着，但不以为意。到了晚上禅坐时，发现胸口紧揪的情形丝毫没有改善。

　　我在入定后以内观来观察体内胸部的状态，内观的过程好似将意念化为拇指轻按一小块胸腔内脏的区块，结果突然"咕噜咕噜……"如同气泡从水底浮到表面，我紧揪的区块就松开了。用同样的方法，一点一点地将紧揪的部位全部松开。

　　这才明了，原来是湿气的累积，而且这款黑茶的湿气可以如此迅速地紧揪胸部，又可以如此持久不散。如果我未曾修行内观，这款过潮的黑茶对自身的危害必然毫无自觉，毕竟它躲过了我锁喉的顾忌，我亦畅饮了十多泡。前辈曾提及，台湾许多茶人都有脾湿的情况，我顿时领悟。

如何以心品茶

什么是真正了解茶？涵盖口、韵的觉知，在身的基础上，以正念观想茶的面貌。当内观启动后，茶，会以一个意想不到的姿态呈现在面前。以心品茶，从抛弃成见开始。

心品第一式 看，不是看到

观汤色、茶底，看到的是表象。入口后，当茶开始与身体互动，闭上双眼，身体感知一款茶的韵与气的走向，一幅或祥和、或自然、或缤纷、或远眺等的画面，便容易出现。它可能是一幅森林壮阔、鸟语花香的清晨景象，朝阳柔和的光线自参天树林缝隙中倾泻而下，发觉自己正自在地呼吸着清新的空气；也可能是乘着一叶扁舟，在午后静谧的湖心徜徉，随着风与湖水带着自己飘向未知的去处；抑或是满天繁星的夜空，躺在草地上享受着随时可能进入宇宙的悸动。一款干净的野生茶或生态茶，能引领饮者进入一个与自然共舞的异想世界。这，便是看。

以心品茶，从抛弃成见开始。

《 心品第二式 孩子 》

让个孩子喝口茶，看他喜不喜欢。喝到好茶，孩子会高兴地说："好好喝哦！"看到孩子皱眉头的，往往不是好茶，就算是珍藏百年的号字级老茶也一样。喝茶时，要常常回到孩子的纯真。不要硬拗茶的涩、苦与酸，是茶的本质，然后告诉茶客是因为功力不足所以喝不懂。抛开专业术语、科学数据、养生说明，然后亲切地呼唤自己或亲戚的小孩："来，喝口茶。"这也成为我在试茶时，特别喜欢的一种方式，一来我常常必须提醒自己抛开成见，二来我更享受孩子纯真的笑容。别以为他们不懂，其实是自己不懂。

别以为孩子不懂品茶，其实是自己不懂。

心品第三式 破除完美

茶是天地人的产物。逐步被破坏的自然、以商业利益考量为优先的人，皆使得完美的茶，成为渐行渐远的梦。所以我们借由了解茶的不完美，学会包容，了解自己的不完美，学会谦卑。泡每一款茶，学会体察，将每一款茶的特性释放出来；喝每一泡自己泡的茶，学会内省，使自己离完美近一点。因为不完美，所以有完美的机会。

心品第四式 随心所欲不逾矩

不逾"矩"，重点在"矩"。"矩"就是舒服度，一杯茶下肚后，身心是否舒畅。"矩"是品茶的方法，自口、韵、身到心。可以通过不断的练习来完成。靠的是干净的茶与适切的引导。由心开始净化，然后带动身，才能越来越接近自然。心，徜徉在茶的世界，游走在一杯茶到另一杯茶的空间里，然后茶、人合一。

茶友说，他有一款茶，五个高手喝有五种不同高下的意见。我告诉他，只有体会没有高下。茶会告诉饮者它所生长环境的优劣，或者人为的因素干预的痕迹。有了"矩"，心能分辨细微处，茶的底将无所遁形。

心品第五式 活在当下

啜口茶，珍惜这一刻的品茗，因为这样的滋味，换作明天，会因心境不同、茶器不同、参加者不同，而没有完全复制的可能。为明天而活，是因为人怀抱希望而前行；但又有多少人为了梦想豪赌而输了今日。

日本茶道的"一期一会"所揭示的：珍惜所有的，周遭的人、事、物；因为爱茶，而了解所有习以为常的一切，都可能在明天结束。活在当下，爱所拥有的瞬间。

心品第六式 未知

一款看似熟悉的茶，每次泡，因不同人泡、不同场合泡，会有不同的结果。因为泡茶人的心情、参与者的互动、茶会的气场等，都会影响茶的表现。只有死的，才能"已知"；而茶叶是活的，所

茶艺的优雅其重点不是表演，而是由内而外的气度。

以必须保持"未知"，以探索的心，持续与茶进行互动。

也因为未知，使得在每一次泡茶的过程中，透过身体与茶的灵动，求专心泡好每一壶茶，并在每一泡的异同中了解自己，也了解别人。这样的未知，格外令人期待，如果茶世界中一切都如三合一速溶咖啡般已知，该有多么无趣啊！

心品第七式 茶如其人

茶汤如一面明镜，映射着泡茶人的内心。飘忽不定，则茶韵散乱；细腻，则绵滑；紧张，则不流畅。泡茶，就将它当作一个禅修的过程，可以请人录像记录。泡茶动作的优雅，不是茶艺表演的桥段，是由内而外的气度，也是茶会氛围的指挥家。

有一次在广州，喝了同事泡的一杯茶后，我抬头问她："为什么心神不宁？"同事回复我："不知为什么，这两天早上总是注意力无法集中。"

注意力无法集中，会将一款熟悉的茶原本悠长的韵，表现得飘忽不定、断断续续。当泡茶者的心随水注入茶汤的瞬间，茶与心的对话便正式开始。泡茶的诀窍，除了水温、投茶量与出汤的时间外，还有一个不传之密：心。当心专注于呈现出茶最美的滋味时，茶也将回应它最美的姿态。另一次在上海，将自己的一款生普交由一位茶室的友人执壶泡茶，饮毕友人问我有没有泡坏了，我笑说泡得很好。这泡茶，友人泡出了她自己的个性，原本轻柔的茶性显得刚毅有力，悠长的韵变得厚实。我喜欢不同人泡一款熟

执壶者的修为将充分注入茶中，呈现出茶汤的圆满。图为两岸泡茶最具代表性的资深茶人沈武铭，于深圳美术馆茶会司茶。

悉的茶，最终见到的是不同个性诠释同一款茶的差异。 就如同一首流行歌曲，不同歌手唱出来的味道往往差异很大。

心品第八式 化学添加与茶气正邪

我常被问到的一个问题是，化学添加怎么判断？化学是人工的产物，最常见的是化学香精，想要欺骗我们的嗅觉与味觉，例如台湾金萱闻名的奶香。真正的奶香，是自然的香味，一杯鲜奶与一杯奶精调水的差异在哪里？比较市面上买的一颗牛奶糖的奶香，与茶中的奶香。 如果发现相近，答案就很清楚了。

化学添加的茶，常出现在以香取胜的茶种上。 因为自然的茶气必定大道中庸、正气凛然。 化学添加的茶，茶气必然邪（ 斜）不胜正。 斜，就是歪， 导致头会偏一边疼痛或胀痛。所以在内观的基础上，如果喝茶后有不适的感觉，且是偏斜一边的感知，包括头与身体器官的，就可能是化学添加惹的祸。

心品第九式 老茶范例分享

老茶往往是爱茶人的最爱。 因为保存得宜的老茶，经过时间的转化，能量的堆叠使一款茶有精彩的内质魅力，让人饮后久久不能忘怀。

以心品茶

可打出太极的优质老茶

1850 年普洱茶。 在前面《以身品茶》的茶气等级内文中提及的 1850 年老茶，在此进一步说明饮毕心得。

这款茶冲泡后茶汤色不深，茶味淡然。 刚入口觉得味略甜而茶韵不张扬，越喝越觉得茶气带来的能量巨大，像是一股源源不绝的气流极为轻盈地融入体内，着实令人难以端坐矜持。 茶自第一天早上不间断地泡到隔天下午，最后再煮过三次才算"功德圆满"。

当第一天泡到晚上时，我已经无法克制茶气在体内蠢蠢欲动，起身打拳。 犹如武侠小说中，跌入谷底，遇见绝世老人，将其绝学与身上余气灌入我的体内一般。 虽未练过拳法，但意随茶气转动，空中划出一个又一个太极图形，形虽散乱但意思到了。

为此，我学习到两件重要的事： 一乃老茶经过时间的推移，的确会累积巨大的能量； 二为得宜的保存，仍旧能淬炼一款超过百年的完美。

灌入能量的极品百年茶

1920 年武夷岩茶。 饮毕茶气在胸口蓄积，犹如能量泵从心往四肢与头部送气。 一波接一波的热能，不间断地通过经脉贯穿全身。 从尾椎到脑的中枢神经被热气轻拂，并呈现精神抖擞的生理状态。 这次喝茶时呈现的武侠小说情节，依旧是跌入谷底，遇见绝世老人，但定格在正在接收老者真气灌顶入天庭的场景。 饮毕虽还没有足够的能量可以起身打拳，但茶气入身的痛快感受，仍然是百年极品！

能返璞归真的坐禅茶

20世纪30年代绿茶。茶气的引领，让气从胸口往脚底下沉，四肢完全放松，身心与执着皆放下。再多的烦恼，都欲抛诸脑后，颇有"放下屠刀，立地成佛"的心境。这是一款极少数适合禅坐的茶，饮后茶气协助身心的静默与杂念的沉淀，更易进入观想的境地。

冲泡十八、十九泡后，这位"八十岁的老人"逐渐褪去沧桑的外衣，显露出少女的纯真，茶韵自厚重到小清新，茶质似自稳重的普洱老茶到嫩叶的绿茶，仿佛每一个时间段都被封存与记录在茶中，被沸水一层一层揭开。而且二十泡后胶质依旧明显，令人叹为观止。

内观可以觉知泡茶者的心境。图为资深茶人沈武铭老师于深圳大华兴寺茶课执壶时，我以内观感受其茶汤的深度。

很多人问，绿茶怎么可能存放80年？原来20世纪30年代没有冰箱，绿茶制作的工艺与今日鲜嫩冰鲜的制作存放方式不同。时至今日，只要是制作完成的初始仓储是室温的茶品，不论六大茶类都可以越陈越香。

心品第十式 以心入茶

内观可以觉知泡茶者的心境，那制茶人的心呢？

心高气傲的茶

有一次我在广州举办茶会，茶友带来一款2008年的普洱茶和与会的茶友们分享。茶友神秘地说，这是一位云南当地知名高人的作品，很多人都争相收藏他的茶叶，并解释此高人想把这款新茶做成老茶的口感。我二话不说啜了一口茶后，除了感受到立即的锁喉外，突然后脑勺有一股气一直把头向下拽，如同有人将手放到后脑勺，死命让人低头的感觉，久久不能自已。

当我回过神来后，问了这位茶友，作茶的人是否个性高傲，非要他人对他低头？他表示此人倍受当地追捧，连台湾的知名人士都跟他求茶，并针对这款新茶希望作出人人都佩服的老茶口感。于是我发觉，原来制茶人的心，能够直接注入到茶里。这位制茶人在做的茶，是一款让人人都要对他跪拜的茶。

制茶人之心与自然之心携手共谱出茶的协奏曲。

与大自然共舞的茶

有一位台湾德高望重的茶人，数十年来仍经常春冬两季亲自焙茶。有一次去他那里喝茶，喝到一款当季的有机茶。一款汤色看似浓重的焙火茶，入口竟然如此轻盈。口腔转动的，是稳重厚实的韵，与轻柔似水的香；炭火，则像是指挥棒一挥，让香与韵翩翩起舞，互诉衷情。

我所喝到的，是焙茶者对茶的了解，与对大自然的尊重。因为对茶了解，所以制茶者没有预设立场，可以看茶焙茶，等待最完美的平衡点；因为对大自然尊重，所以我感受到制茶的心与自然之心携手共谱出茶的协奏曲。

一款真正的好茶，不会纯然是机器的产物，因为心如果不能注入制茶的过程，茶便缺少了深层的生命力。心，如果没有正念，注入到茶里的，便没有感人肺腑的正气。内观呼吸，应用到品茶的诀窍，同时兼具了内省与外审的意念。品茶，可以成为禅修中内观的一个标的，让修炼的过程因为茶而提高了禅修的趣味，达到内观与品茶相辅相成的结果。

以心品茶的乐与苦

轻啜口茶，在呼吸间的静默，进入茶、人、心的对话交流。抛开介绍、抛开成见、抛开谁是谁。茶树的成长过程、人为对它的影响、日月精华是否幸临，都在一口茶中毫无隐瞒地揭露。茶树生长的环境，是纯野生、有机抑或惯行农法，你若懂它，你就是它倾诉的对象。

制茶过程，也是茶、人、心的沟通，制茶师傅是灵魂人物。师傅的心念在制茶与焙茶的过程，会悄悄地注入到茶内，不论你是否能感知。从制茶到品茶，是茶叶从一颗心长途跋涉到另一颗心的旅程，心与心的惺惺相惜，在于人为的度。发酵度低的绿茶或生普，保留天地给予的纯粹滋味；乌龙茶的发酵与焙火，则存乎师傅的一念之间。

看青作青，看茶焙茶，为什么许多茶饕追着老师傅求茶，因为如果老师傅懂得敬天格物，茶叶所呈现的天地人合一境界，往往都能展露在他的作品中。

在追求茶叶精神层次的同时，茶器的精神层次也被如实感知。

完美不曾是上帝的语言，残缺美才博得会心地一笑。

陶艺家将金木水火土的五行元素，融入创作灵感中。

心，如果没有正念，注入到茶里的，
就没有感人肺腑的正气。

握在我们手中的，不再是一把上色的泥土，而是制陶者经过人生高低起伏的淬炼。

任何一件茶器的釉色与线条，忠实映射着陶艺家的内心世界。随着时间与生活历练的沉淀，握在我们手中的，不再是一把上色的泥土，而是陶艺家经过人生高低起伏的淬炼。

完美不曾是上帝的语言，残缺美才博得会心地一笑。动手摘花与装饰花器，明了日本茶道插花的简洁与花道插花的丰盛之间的异同。因此进一步明白了日本茶圣千利休为何会在茶桌上，以极简的方式突显山茶花的姿态与禅意。

越来越严重的环境污染，是挥之不去的梦魇。当无所遁形的污染透过一杯茶进入身体的刹那，悲叹的不是身体的不适，而是我们敬爱土壤的悲情。土壤是茶树所有养分的提供来源，农药残留、重金属残留，甚至工业污染透过自然循环的雨水滴入土壤的累积，都无可逃避地成为茶叶养分的一部分。

强忍我们能做些什么的无奈，打起精神，其实你我的一份心力，还是能积少成多地发挥影响力。相信自己，聚沙成塔。

古诗词 ⑤
以心品茶

饮茶歌诮崔石使君

唐·皎然

越人遗我剡溪茗，采得金芽爨金鼎。

素瓷雪色缥沫香，何似诸仙琼蕊浆。

一饮涤昏寐，情来朗爽满天地。

再饮清我神，忽如飞雨洒轻尘。

三饮便得道，何须苦心破烦恼。

此物清高世莫知，世人饮酒多自欺。

愁看毕卓瓮间夜，笑向陶潜篱下时。

崔侯啜之意不已，狂歌一曲惊人耳。

孰知茶道全尔真，唯有丹丘得如此。

皎然，唐代诗僧，与茶相关诗作二十五首，是唐代诗僧中茶诗作品最多的人。

| 诗境 |

与陆羽是莫逆之交，在陆羽《自传》中提及"与吴兴释皎然为缁素忘年之交"。并和书法名家颜真卿交往密切，颜真卿曾邀请皎然编纂《韵海镜源》。原文旨意：

绍兴的友人送我剡溪的名茶，采得的黄芽以金鼎烹煮。白瓷的茶盏飘着茶末的清香，就像是仙人饮用的玉液琼浆。喝一口可以洗涤头脑的昏胀，使得心思畅游于天地。再喝一口清净我的精神，就如同纷飞的雨水洒落心中的灰尘。喝三口便已经得道，又何必费尽心思地要破除烦恼。茶的清高世上又有谁知道呢？世间人欲饮酒解忧却多半自欺欺人。愁看酒鬼毕卓在夜里偷喝酒出糗，笑看采菊东篱下的陶渊明。崔侯啜了口茶后赞叹不已，狂歌一曲曲惊四座。谁人能知茶道全部的精髓，只有神仙丹丘子吧。

唐朝尊老子为道教的始祖，并一度以道教为国教，一般的文人与士大夫均深受影响。皎然虽为佛教的僧人，但极度受到道教的洗礼，这也表现在他的许多诗作中。

皎然喝茶的三个层次，"一饮涤昏寐，情来朗爽满天地。再饮清我神，忽如飞雨洒轻尘。三饮便得道，何须苦心破烦恼。"从"涤昏寐""清我神"到"便得道"，体现了更多自我反省与如何才能超脱世俗，并获得精神上豁达的道教思想。

皎然将道教的思想和自我的修为，与品茶融为一体，他的品茶功力或已达得道的境界。皎然在另外一首知名的茶诗《饮茶歌送郑容》中开头所书"丹丘羽人轻玉食，采茶饮之生羽翼"也是叙述道教丹丘子饮茶后羽化成仙的事迹。纵观皎然的品茶境界，并从其他多首与茶相关的诗作观察，已不能单纯自茶的角度审视。

道教淡泊名利，入世出世，羽化成仙的修炼，将皎然的诗作推到一个中国茶史的高点。皎然的层次，也已自我所定义的"以口品茶，以韵品茶，以身品茶"，上升到了"以心品茶"的高度。另外值得一提的是，这首《饮茶歌诮崔石使君》也是"茶道"二字，最早出现在中国历史上的记录。

古诗词①与
与以心品茶

走笔谢孟谏议寄新茶

唐·卢仝

日高丈五睡正浓，军将打门惊周公。

口云谏议送书信，白绢斜封三道印。

开缄宛见谏议面，手阅月团三百片。

闻道新年入山里，蛰虫惊动春风起。

天子须尝阳羡茶，百草不敢先开花。

仁风暗结珠蓓蕾，先春抽出黄金芽。

摘鲜焙芳旋封裹，至精至好且不奢。

至尊之余合王公，何事便到山人家。

柴门反关无俗客，纱帽笼头自煎吃。

碧云引风吹不断，白花浮光凝碗面。

一碗喉吻润，二碗破孤闷。

三碗搜枯肠，惟有文字五千卷。

四碗发轻汗，平生不平事，尽向毛孔散。

五碗肌骨清，六碗通仙灵。

七碗吃不得也，惟觉两腋习习清风生。

蓬莱山，在何处？玉川子，乘此清风欲归去。

山上群仙司下土，地位清高隔风雨。

安得知百万亿苍生命，堕在巅崖受辛苦。

便为谏议问苍生，到头还得苏息否。

| 作者 |

卢仝，唐代诗人，号玉川子。因为刻苦读书，博览经史，自年少便因才能出众而负有盛名，后来受到韩愈高度的欣赏。虽家境贫困，但性格孤傲，两度拒绝朝廷任命。

| 诗境 |

在《以身品茶》篇中摘录的卢仝《七碗茶歌》，正是《走笔谢孟谏议寄新茶》的一部分。由于简洁有力，容易被传颂，于是成了最被熟知的版本。为了了解卢仝的品茶境界，全诗的呈现，有助于窥得全貌。在《七碗茶歌》中"一碗喉吻润"之前的叙述，因为主要是寄茶、制茶、煎茶的心得，与"以心品茶"无关，因而我省略了进一步的探究。

第五碗喝到肌肤与骨头都清澈了，这又代表什么呢？卢仝在《忆金鹅山沈山人二首·其二》中有两句："君爱炼药药欲成，我爱炼骨骨已清。"他讽刺秦始皇爱炼药，想要长生不老；但自己因为饮茶练气，已经到了可以将体内浊气排出，使得骨头清澈的境界。

以心品茶

这让我想到了肉身菩萨的生理学意义。人体内有许多微生物包括细菌共生，意思是人如果吃肉，就有许多肉食的寄生菌共生，食用我们体内肉质消化后的代谢物。一旦死去，肉食寄生菌失去了肉质代谢物的来源，便开始食用人的尸体，所以人死后肉身会腐坏。而如果吃全素，就只有素食的寄生菌共生，如果再加上内在的高度修为，死后便有达到肉身不坏的机会。卢仝的这第五碗，显然是在气的基础上，加入了自身的修炼而能肌骨清。

第六碗通仙灵。可在另一首卢仝的诗中得到对应。《忆金鹅山沈山人二首·其一》中有四句："闲来共我说真意，齿下领取真长生。不须服药求神仙，神仙意智或偶然。"这也是卢仝在饮茶后的心得，真正的长生不老，可以在品茗的片刻中感受。如同神仙般的意念与智慧可以因喝茶偶然获得，又哪里需要长生不老之药呢！

茶在唐代的寺庙中之所以流行，并由僧人推广，据说是因为在禅坐时可以帮助僧人们不打瞌睡。这个提神醒脑的功能，显然是合理化了茶在寺庙的流行基于它的基本功效，但唯有卢仝点出了喝茶可以协助人们通仙灵的境界。

第七碗为什么不能吃呢？因为一喝下，我就真的成仙了。蓬莱山在哪里呢？号玉川子的卢仝，想要乘此清风回归来处。蓬莱山上成群的仙人管理着地上的众生，清高的地位不受人间风吹雨打的影响。又怎么能知道百万亿的苍生，正堕落在悬崖边上饱受磨难。于是成为了仙界的谏议大夫替天下苍生发问，众仙啊！你们到头来还是否能安歇？从第六碗的偶尔通仙灵，到第七碗的羽化成仙，卢仝着实喝茶喝出了前无古人的至高境界。他在喝茶成仙的当下，还惦记着天下百姓的苦，让人更感念卢仝的气节。

相对于世人对卢仝的情感投射与追捧，我有个迥异的观察。卢仝在茶史上品茶功力的地位无人能出其右。而他之所以能技冠群雄，就是因为喝茶喝到羽化成仙，是其他骚人墨客所不能及的境界。

如果卢仝生于今日，在报纸上写一首《七碗茶歌》，叙述自己可以因为喝茶而羽化成仙。他被注意的，将不是傲骨清风的文采与气节，而是被归类于"特异功能人士"。科学家与电视节目争相邀约。科学家会透过各种实验，记录卢仝进出仙界的种种秘境；近年来电视节目对于人类科学无力解释的议题，十分火爆，将会请卢仝成为固定嘉宾，名嘴左一句、右一句地问："卢仝，这事情你怎么看？"

我认为即使卢仝存在于百家争鸣的今日，我们都应该对他倾服。文化是生活的总结，有了卢仝的加持，今天各种现代、传统形式的品茶活动，可以有的丰富多彩，有的深及心灵层次。这，才是茶文化。

卢仝的《七碗茶歌》点出了喝茶可以协助人们通往仙境。

第五谈

接受困顿，享受寂寞，简化生活，保持谦卑。凡事尽力，但不强求。换个视角重新检视一切，学会不执着。在美学上，重视自然，不求精致，纯天然，纯手工打造，朴拙素雅，真诚不刻意。这，就是「侘寂」。

侘寂

一草一木，一石一水，朴拙素雅，真诚不刻意，将美学融入生活中。

日本茶道精髓

　　"侘寂"，是日本茶道的精髓。今天在日本，询问各个领域的日本友人，可能很少有人能清楚地解释什么是"侘寂"，因为正如同老子的"道可道，非常道"。文字，只能捕捉一部分它真实的意义。但它却已经进入了日本社会，并化身为一种生活态度与美学。它在日本的文学，传统与现代的建筑设计、庭院设计、陶瓷、花艺、料理、居家生活用品中，无处不在。

枝末细微处发现美

　　日本知名的职人精神，也就是以熟练的技术为基础，手工打造出令自己在职场骄傲的作品，也正承袭着侘寂的精神。侘寂，它其实也存在于我们的周遭生活环境里，期待着被发觉。提着相机，捕捉着生活中最容易被遗忘的小细节，是除了在小红书或微信上分享美食外，一种美感的升华。它可以是一张我们用得破旧却爱不释手的椅子，一个看似不起眼却无比静谧的山水场景，一个凹凸不平又残旧的小杯，也可以是一片上班途中飘落在眼前的枯叶，或者是在公车上让座后被投报以感谢眼神的瞬间。侘寂可能就存在于一个常被忽略的角落，但这个不曾被重视的微小事物，却可能成为你我的救赎。

侘（Wabi），意思是困顿，是指就算自己一无所有，仍然能够怡然自得的心境。因为精神的满足与充实，不需要物质来填充，一无所有的，只是物质的表象。今天大家所害怕的，不但是失去，更是拥有。害怕拥有得比别人少，害怕自己没有显赫的职业头衔，害怕自己没有足够的薪水。

侘是一个当我们一无所有时，还能坚持理想与信念，审视自己过去与未来，寻觅突破的机会，并找到生活真谛的态度。如果精

只要有一双探索的眼，落叶、石壁、老房子的一隅，都可以发现美的存在。

石壁上佛像的静默之美。

看来凹凸不平的质朴小杯，也可能是让人宁静的救赎。

安藤忠雄在京都北边绫部的建筑作品，呈现出水天一色。

神财富能超越金钱财富的那一刻到来，侘的精髓便得以体现。如果对精神的追求，能超越对金钱的追求，那即使一无所有，也不害怕失去。这并非生活在匮乏之中，而是回到了生活的本质，本来无一物，何处惹尘埃。

静谧低调中体验美

寂（Sabi），意思是寂静。寂，原本指的是经过一段长时间的风化后，表面劣质化的样子，也意指人在去世后宁静的状态。日文中的锈，读音也是 Sabi。指金属在一段长时间后生锈的表面。本来并非正面的意义，但在 15 世纪（明朝时期），日本贵族阶层的茶会开始低调，转化为简约风格。"寂"的意境具有朴拙古意的美感，才成为茶道中的代表意义。

侘与寂，本来是两个分开的字义，在融入茶道的中心思维后，成了日本文化的精髓。它也孕育出今天影响世人的生活态度与美学的核心思想。在生活态度上，放下成见，重新品味每一日生活中的细节。与客人沟通，交流而不操控；与孩子互动，学习他们的纯真与不做作；吃每一口食物，舍弃过度烹调而就原味；遇到挫折，谨记没有完美，没有终点，没有永恒。

接受困顿，享受寂寞，简化生活，保持谦卑。凡事尽力，但不强求。换个视角重新检视一切，学会不执着。在美学上，重视自然，不求精致，纯天然，纯手工打造，朴拙素雅，真诚不刻意。这，就是"侘寂"。

锈的日文也是 Sabi，茶人将它的意义也含括于「寂」之中，是风化一段时间后表面劣质化的样子。

日本职人的执着与专注。图为年过 70 的日本陶艺家村山光生，
仍常于日本各地举办个展。

日本茶道的滥觞

日本茶道自村田珠光（1422~1503）开始，从华丽的茶会形式，转为简单的艺术仪式。村田认为，茶与禅的精髓并无差异，茶道应该是为了抚慰参与者的心灵，让参与者与大自然合而为一。出生富裕的武野绍鸥（1502~1555）传承了村田心中理想的生活艺术，进一步将茶室简化，以竹格、带皮的木头、灰泥墙打造简约的茶室空间。他正式揭示了茶禅一味的内涵，并成为日本茶圣千利休（1522~1591）的智慧导师。

村田珠光认为，茶与禅的精髓并无差异。图为北齐时代"如来三尊像"。东京根津美术馆藏。

在日本武士时代的背景下，寺庙的德行威望崇高，禅修受到国家的高度重视。许多僧侣在修行后进入宫廷服务，参与政事，使得寺庙成为最具国家影响力的组织。自唐朝便传入日本的中国茶，因为茶的兴奋功效可以协助修行，于是在寺庙盛行。而身为社会最高层级的武士，推崇禅宗的精神并受到僧侣爱好茶叶的影响，也同时师法中国人品茗论政的方式。武士平时在战场打打杀杀，不打仗时务农休闲。茶道，成为平衡两种截然不同生活的依托，也为充满杀戮的生存压力带来平静与和谐。

而日本历史上军阀派系征战频繁，大将军经常攻城略地，为了激励士气犒赏城池。但城池的数量有限，于是转而在盛行的茶道具中找到了奖赏的替代，在刻意操作下不断提高知名茶具的价值。最后居然形成了一个特殊的氛围，有的将军因为得到的犒赏是城池，而非知名的茶具而懊恼不已。

日本茶圣千利休的改革

千利休，集简约风格茶道为大成，因为担任战国三雄之一丰臣秀吉的首席茶师，因此他拥有至高的权利而彻底改革了日本茶道的面貌。千利休摒除不需要的器物，发明出一套动作精准、毫无累赘的茶道具与品茶仪式。他更进一步摒弃了上流社会所盛行的，来自中国与高丽的高价及精美的茶具，转向与烧制砖瓦的工匠长次郎共同合作，开创了朴拙自然的乐烧茶碗。

相对于贵族们奢华的茶会形式，千利休在武野绍鸥的基础上，重新诠释了象征自然淳朴、廉洁生活的草庵茶室。茶室的打造，以禅宗的天人合一为依归，使用竹子、木头、黏土、芦苇；庭院造景，是为了参与者在进入茶室前，在事先规划的树围里踩踏着蜿蜒的踏脚石步道，先行净化外头世界的繁华喧嚣。茶室门口放置石盆，供参与者洗手与洗脸，突显洗涤心灵的过程。茶室的门，设计得十分低矮，参与者必须低头爬行进入茶室，使得武士的刀剑必须卸在室外，亦将纷争摒弃在茶室外。

标准的茶室，只有四叠半[1]榻榻米，但精心打造的茶空间，一枝带叶的花以凛然的姿态斜插在柴烧的小花瓶，点亮了茶室的氛围。与挂画、茶碗、茶釜等茶道具，简单地营造了在纷乱尘世的世外桃源。

有一次我在京都建仁寺师父演绎茶道的过程里，在那个紧密的空间中，几乎没有交谈，只有静默，每位参与者彻底感受仪式带来的心灵净化。

烧炭沸水的声音，茶筅在茶碗里翻搅，清风拂过门帘的窸窣声，甚至是自己的呼吸声，成为了茶会里静默的协奏曲。

利休七则

千利休定下了茶道初学者的七项守则，称为"利休七则"。所谓"则"，不是遵守的纪律，而是在过程中的用心：

---

1 一坪等于两叠；一叠约 1.5 平方米。

日本建仁寺灵源院师父演绎茶道。

建仁寺茶事时所用茶碗，为 200 多年前乐家手作的赤乐茶碗。

枯山水是日本侘寂文化的代表之一。

日本茶室的庭院，又称露地，是由户外进入茶室内必经的小径。
图为大德寺茶室的露地。

日本武士必须放下佩刀低身入室。

挂轴在日本茶室中有禅意，有季节考量，也有氛围营造的巧思。

点茶要能使入口时恰到好处，

炭的温度要能刚好可以沸水，

插花要能如同在原野绽放，

茶席要能冬暖夏凉，

赴约要提早，

就算不下雨也要备好雨伞，

对同席的客人要将心比心。

根据千利休讲述茶道的言行录《南方录》记载，曾经有人问到茶事的诀窍，千利休做了以上七则回答。结果听到回复的人很不服气，认为这么简单的事谁都能做到。千利休便说："如果这七件事情您都能做到，就让我当您的弟子吧！"七则中所涵盖的，都是日常生活中的小节，但只要用心，便能提升到生活态度与美学的高度。这，就是侘寂的境界。

千利休的一生，充满传奇，他对茶道的执着，为世人留下了美好的篇章。他在日本茶史上，被誉为天下第一茶人。利休可以轻易从一百个竹筒中选出最美的一个；也可以亲手削制茶勺，分寸上只与旁人差几毫米，美感却犹胜千里。凡经他之手、之眼，莫不成为当代名器。他的美感，无人能出其右。

◖ 一期一会一感动 ◗

利休点茶，有一种发自内心的气韵。每一场茶会，都保持着

"一期一会"意指参与每一次茶会的众人组合、四季时节，都是不可重复，人生仅有一次的相聚。

一期一会（一生一次，独一无二）的珍惜，一股慈爱的能量，便能注入茶汤中。点茶的技巧，不在于茶筅的搅动，而在对茶碗、茶筅与茶末之心的驾驭。"以心御物"之于茶道，不是对茶的控制，而是尊重。日本茶道的茶，从来只是一碗苦茶。如同人生，一杯苦茶可以道尽。

我所体悟的，是日本茶道对于空间的营造，与代表时间的过程体验。纵轴代表空间的延展，从一只茶碗、一朵茶花、汤釜、挂画到茶席，再扩延至整个茶室的空间，与里头流动的气息与氛围。横轴代表时间，从步入蜿蜒的石头步道开始，低头进入茶室，凝望住持沏茶的气度与熟稔，品茶时的肢体互动，到结束时的宾主尽欢。

从现实生活抽离，进入茶室这个自成一格的迷你宇宙，空间的纵轴与时间的横轴交错，随着住持的节奏漫延。这眼前季节与时空交错的美，享受的片刻光阴，却恰似黄粱一梦。茶人努力创造一次次绝佳的氛围，强调与会者一生一次的相遇，仍不忘以一碗苦茶提醒：人生苦短。

精辟严苛的日本茶道

日本不在北回归线的茶叶产区，甚难生产如同中国富有茶韵变化的茶叶。换句话说，就是大部分的日本茶，与中国茶相较，都不好喝。所以在日本茶事的品茶，品的不是茶叶，茶韵、茶气也从来不是重点，它真正注重的是心灵洗涤的仪式。

这始于唐代、流行至宋代的末茶斗茶文化，传入日本后形成抹茶的茶道主流。明清的紫砂壶传入日本后，用当地产制的绿茶，以切碎的形式泡茶，而另形成煎茶体系。因为无法超越千利休所创建的精神模式，茶道在日本仍以抹茶为主体。

　　日本茶道成为金字塔顶端一小撮的人在进行的聚会，参与的人数一年低于一年。我询问了熟悉茶事的日本友人，如果在日本想要举办一个日式的茶会，可否请出寺庙的住持来演绎茶道，像是办家庭聚会一样花钱，省却一切麻烦。答案是不行。

　　日本茶道的精神是主人必须亲自点茶，并且与与会者深度互

日本茶室所呈现的低调静谧的美。

在市中心打造一个让人远离尘嚣的世界，
是日本茶道所精心设计的一种暂时性的精神出离。

动。对这两者都有极高的要求。 如果我是主人，我对于茶道必须精通，才能点出一碗合口的抹茶；必须对料理精通，才能让客人感受到应景食材的鲜美；必须对书画了然于胸，才能依据茶会的主体选定适宜的挂轴；必须对花道熟悉，才能适切地将户外的生命力移入茶席。身为主人的我，如果必须要有如此深厚的茶道修为才能进行茶事，那可能只能有两种选择：一是投入工作之余大部分的闲暇时间，对茶道不断钻研精进；二是不奢想成为主人，只要参与即可。只是茶事同样对参与者也有高度的要求，《南方录》与其他日本文献多处记载，参与者的水平如果不够，无法"宾主如一"，也一样无法达到茶道的要求。

于是我们了解到日本茶道在今日没落的主因，是因为它的门槛太高了。我们今天的茶道，是承袭中国人将饮茶融入生活为基础而发展的。今日的茶桌上，除了士农工商、骚人墨客，也有土豪们加入，唯有更多人的参与，你一言我一语，共同激荡属于自己这个时代的茶文化。茶文化是生活，茶道是境界，文化乃支撑境界的基底。以侘寂之名，我对茶有三种追求：一，自然； 二，残缺美；三，养身先养心。

以侘寂为名的三项追求

(自然)

在世界人口突破八十亿大关的今日，全球的消费力又处于一个高峰。 以最小的投入获取最大的产值，是完全可以理解的商业现况。 全球茶叶的产量自 1983 年的 206 万吨，至 2017 年的 581.2 万吨，已增长了近 3 倍。 而其中中国只花了十年时间，产量就增长了约两倍，自 2008 年的 125.8 万吨至 2017 年的 260.9 万吨。 随着耕种面积与采收次数增加的双重要求，农药与化肥必定扮演重要的供应链角色，以适应市场需求的惊人增长。

因为我们只有一个地球，如果有更多茶农加入有机农业的行列，一起重视水土资源保育与生态平衡之管理，我们至少能留给子孙一个逐步净化的环境。 人类在逐利的过程中，往往遗忘了最初珍爱大地的善念。许多 20 世纪 90 年代初期开始进出云南茶山的台湾前辈们，很感慨这三四十年来的变迁。 经历了当时云南从茶叶制作工艺断层的年代，到一波又一波普洱茶炒作的起伏，而今天的

我们只有一个地球，只有干净的自然环境才能孕育包括人类在内的万物。

现状，却是历史上茶价最高，而且质量最差的高峰。

为什么质量最差？因为施用除草剂与化肥的茶树逐年增加，加上工业污染的酸雨越来越严重所致。对于事实上只需要一张床与三餐温饱的我们来说，简单的生活并不困难。一张五星级饭店的床与三餐的山珍海味，也无法增加多少幸福感。千利休追求极简的草庵茶，摒弃了一切华丽与繁复，正是因为深刻明了天人合一的平衡，真正的美与茶道的境界，并非外求，而是内省。

在台湾看到令人欣慰的有机耕种案例，与大家分享。

名间有机茶园

南投县名间乡，海拔约 300 米，是台湾产茶的重镇，也是宝岛四季如春、风光明媚的象征。在普遍追求产量的氛围下，这一片三十年前就开始施行有机耕种的茶园，显得格外不易。置身在整片惯行农法茶区之中，想要求得一块干净的净土，需要的是智慧与勇气。首先，隔壁的农地喷洒农药，自身怎么防御？茶农在自家茶园周遭种植围篱，让茶树自然成长超过人的身高，成为树墙。那遇到大雨怎么办？茶农设置自己的排水系统，让茶园以外的雨水，自预设的管道排出。遇到虫子来吃，怎么应对呢？茶区在有机农法施用初期，靠洒辣椒水与苏力菌，苏力菌是一种喷洒在茶叶表面的菌种，昆虫在食用后毒发身亡。

之后逐年构建一个生态平衡的环境，此时害虫当然会存在，但也有自己的天敌来制衡。有机耕作的产量虽只有惯行农法的一半，质量却提高了许多。放眼所及，不少蜘蛛结网，茶农倒也乐得不驱赶。因为肉食性的昆虫，在茶园才是最受欢迎的客人，颠覆了都市人的思维。

我在这里，找到了童年的回忆。小学三年级的夏天，妈妈煮了两大锅红茶，分装在好几个宝特瓶冰在冰箱。放学冲回家的第一件事，就是打开冰箱，喝上一大杯。红茶的香浓，甜滋滋的味道，是一天里最开心的时刻。很快地喝完了这几大瓶，妈妈说别喝多了，明年再煮。到了明年，原来的店家没卖红茶，妈妈说再找找，要我等等。我一等，等了三十年。没预期在名间，找到了我儿时的最爱。这款红茶的滋味，除了勾起儿时的记忆外，茶农十年来认真的态度，让土壤转化得相当干净。

市场的认同，包括品质与价格，是茶农的期许。因为这股回到小时候的自然茶的滋味，勾起了许多客人的回忆与支持。茶农希望随着自身销售与影响力的扩大，可以使外围更多的茶农加入有机的行列，让整片名间的茶园逐步有机化。茶农近年来承租了不少邻近的茶园，正逐步朝着理想迈进。

有一次与朋友到台北一家有机茶专卖店歇脚，店里强调所有茶都是经过台湾以及欧盟与日本三认证的茶，店员也很热心地要泡茶请我们。朋友先选了一款清香乌龙，店员边泡茶边强调他们的茶因为是自然的原味，所以不会像市面上的茶那么香。我喝下第一口，没感觉到锁喉的不适而感到安心，然后二三口将第一杯喝完。然而随即感到的，是胸口的刺麻，过了三分钟后开始头晕与头皮发麻。

我自忖可能是这款茶有点状况，但是老板如此有心，应该再支

名间有机茶园丰收季。（图片提供 / 陈明清）

肉食性昆虫是茶农的最爱。（图片提供／陈明清）

小鸟在茶树上筑巢下蛋，显示有机茶园的优质自然生态。（图片提供／陈明清）

持一下。我又请店员泡了红茶，结果是越喝头越晕。事后我有一点感慨。茶叶虽然在农残标准值以内，但中枢神经反应激烈，头皮痛得厉害，表示土壤的分解与转化仍不完全。我相信茶行老板一定是秉持有机的信念，才全面有机化自己店里贩售的产品。只是有机土壤每年度的检测报告中，各项残留值的数据都有，有关单位除了把关外，能否进一步协助，加速土壤的转化与分解呢？

日本系统的 MOA 认证，是台湾主要有机认证之一，要求三年转型期。自惯行农法转为有机农法的三年内，不再施用农药与化肥，并定期抽样茶园中央与四周的土壤与水质，验证各项农药与重金属残留。 MOA 真正的核心精神，并非在制式的规章条例，而是将地球与土地视为生命体。在健全的土地上孕育人类必须的农作物，人吃了才会健康。 其出发点，正是希望农民对待土地，如同对待自己的母亲，以最安全和健康的方式照顾她们。 当我们以无私的心对待自己的母亲与大地，大地也将以无私的心回馈我们与子孙最健康与营养的食物链。

残缺美

如果说侘寂中对茶的追求，自然是一种并非对内而是对外的寻找，那残缺美便包含了一半内省的谦逊。人既然没有完美，又何须对茶有完美的要求呢。 我们对自己亲近的家人，经常在使用的交通工具、随身用品与家居物品，无论再好都习以为常而常常视而不见；对那些得不到或错过的东西，包括爱情、犹豫该不该下手时却突然被买走的孤品等懊恼不已。

得不到而抱缺憾的，才是最好？其实大自然与生活中，随处可见的枯黄的叶子，被吹乱的云朵，锈蚀的铁器，残旧的家具，如果我们静下心来欣赏，能否发现它们的美感？据说有一天千利休去参加一个在清晨举办的茶会，进入庭院后，看见些许落叶飘散在地上，呈现出一幅怡然自得的乡村景致。利休转头对同行的友人说"真是优雅的风情啊！只是，依今天茶会主人的茶道修为，待会一定会把这些落叶扫起来的。"茶会中场休息后，几位茶客再一次回到庭院，果然庭院中的落叶一片都不剩了，地面被清扫得一干二净。

壶柄断裂后，由主人绘图请工匠帮忙锔补，竹节的纹饰巧妙地掩盖了瑕疵，让残缺重生为独一无二的美。

利休随后点评说："就庭院的打扫而言，如果是清晨的茶会，则应该在夜里打扫；如果是中午的茶会，则应该在早晨打扫。清扫过后，就算再有落叶飘洒下来，也不再理会，顺其自然。这样的作为，才是利用自然风情的巧妙高手。"从不完美到完美，再到残缺美，相印于禅宗"见山是山，见山不是山，见山又是山"的高妙意境。

我在苏州喝1850年普洱茶时，邀请了一位销售普洱茶的朋友一起来享用。喝了一、两泡后，我看他面无表情，忍不住问他有什么感觉。他回复说没感觉。确实，这款茶仅是淡然有味。在他的要求下，最后直接煮了，终于，他找到了一丝共鸣。我好奇问他，你经验丰富，喝过什么好的老茶吗？他说喝过一款北京馆藏，乾隆（1711—1799）年间的普洱，什么感觉？他形容是如饮玉露，浓郁甘甜自口中化开，沁入心扉，扩散至全身。真是一山还有一山高啊，如果160多岁的咸丰帝，遇上200多岁的乾隆爷，还是得叫声曾祖父。

1850年的普洱的确不完美，它味道清淡，回韵表现醇厚度不如许多小它60岁以上的小朋友们（指的是其他百年老茶）。但它的茶气就像是一头沉睡的巨狮，它的吼声足以令人肃然起敬。我们身上需要有一个接收的插座，等插头插上了，才得以观赏精彩的节目，重回罗马竞技场的现场直播。在任何一款茶身上，都能找到缺点，但与其执着于缺点，不如珍惜它的优点。这，不就是人生吗？当茶已经是自然无毒的，那还需要追求什么呢？如果茶已经干净，就当尽情享受茶带来的所有妙用，无论它是否如想象中的美味。神农氏尝百草后以茶解毒，而后人们发现了茶的药性与保健的功效。上古时代距今已久远，人们因为过度追求口腹之欲，而给了咪蕾很多受到化学欺骗的机会。

当茶的自然性确立后，我们总是能在一款茶中，学习到茶教育我们的事物，以茶为师。它的生长环境、它自土壤撷取的内质、它的香气、它的保存，以及它的茶气。于是我们要感谢自然的恩典，给予这款茶纯净的土壤与水分，感谢农民呵护养育与制作的辛劳，感谢为保存不遗余力的中间人，以及茶为自身茁壮所作的努力。因为它，是活的。这，便是茶叶的残缺美。

养身先养心

现代人提起养身，许多人就是一大堆保健食品。倾向头痛医头，脚痛医脚。最终发现不管花了多少钱，身体总是养不好。也有很多人认为喝茶养生，但是拼命喝却也不见功效。饮茶对身体有帮助，因为茶中有益成分带来的养分补充，但也只是一部分。更重要的是，能否透过喝茶的过程，让心能平静下来。透过茶，在喝茶及泡茶的过程修炼身与心的协调，不疾不徐，使得心随着安静的节奏沉淀。

身体十二官

《黄帝内经》说："心者，君主之官，神明出焉。肺者，相傅之官，治节出焉。肝者，将军之官，谋虑出焉。胆者，中正之官，决断出焉。膻中者，臣使之官，喜乐出焉。脾胃者，仓廪之官，五味出焉。大肠者，传道之官，变化出焉。小肠者，受盛之官，化物出焉。肾者，作强之官，伎巧出焉。三焦者，决渎之官，水道出焉。膀胱者，州都之官，津液藏焉，气化则能出矣。凡此十二官者，不得相失也。故主明则下安，以此养生则寿，殁世不殆，以为天下则大昌。主不明则十二官危，使道闭塞而不通，形乃大伤，以此养生则殃，以为天下者，其宗大危，戒之戒之。"

原文旨意：在人体之内，心，主宰着全身，重要性好比君王。人的精神与思维活动，都由心产生。肺，好像是宰相，主全身之气，人体内外的活动，均由它来调节。肝，好比是将军。一切之智谋与策略考量，均由它产生。胆，垂悬于正中，公正清明，裁决判断由它主导。膻中，像是内臣使者，心志的喜乐由它表露。脾胃，接纳水谷，如同仓库，五味化为人体的养分，由它来产生。大肠，主管输送，食物的吸收、转化、排泄在此完成。小肠，乃接收营养的官员，食物的精华从此化生。肾，是人体精力的泉源，力量和技巧由它产生。三焦，为疏通周身水道的官员，水液通道由它负责。膀胱，是水汇聚之处，经过它气化后，才能将尿液排出体外。以上这十二名官员，应该互相协调而不能互相攻讦。君王如果是个明君，则属下安康，按这个道理来养生则长寿，终身不致有大病；按这个道理来治理国家，则天下太平昌盛。反之，君王如果并非明君，则十二位官员就有危难了。各个脏器正常作用的途径阻塞不通，形体就会受到伤害。用这个方法养生则大遭殃；按这个道理来治理国家，则社会大乱，要警戒要警戒啊！

感谢大自然的恩典，赐予所有动、植物纯净的水源。

透过茶，在喝茶及泡茶的过程中，修炼身与心的协调。

身，不外乎是由中医所谓的五脏六腑组成。《黄帝内经》说明得再清晰不过，心，是一切身体健康的主轴核心。如果我们的心烦躁不安，容易动怒，七上八下，整日担忧，颐指气使，嫉妒憎恨，等等，怎么能将五脏六腑协调得和谐安乐呢？心，如果不能先养好，身的安养则遥遥无期。茶，喝得再多，也无法守护身体的康健。

身体、情绪、心的三位一体

美国心理学教父詹姆斯（W. James），在 1893 年的著作《心理学》中广为流传的名言："我无法想象，如果心跳加速或浅呼吸，颤抖的双唇与软弱的四肢，鸡皮疙瘩与内在的起伏，与恐惧并无相关。……我会说如果情绪与肢体感官不相干，是件多么不可思议的事。"

美国生理学家坎农（W.B. Cannon）在 20 世纪初时透过大量实验研究表示，人在焦虑忧郁时，会抑制住肠胃的蠕动，与消化腺体的分泌，导致食欲减退。突然受惊或发怒时，会呼吸短促与加快，心跳激烈，血糖增加，血压升高，血液含氧量提高。突然受惊时甚至会出现暂时性呼吸中断的现象。

近年来的西医自传统西医的思维转向，不再仅重视对身体症状的纾解与治疗，而开始发现身体、情绪与心三者，都具备自由的流动能量。一旦三种能量中任一种的流动受阻，会形成能量结节，让身体的能量传输受限，成为未来的病灶。而身体、情绪与心三者都和谐平衡，而且必须以共振的形式同时存在，才能让患者走向康复的道路。 这也正是流传已数千年的内观呼吸法揭露的奥秘。不论中医西医，对心的体认都趋于一致。 这个自远古开始，又被现代科学证实的秘密，没有被埋没的理由与借口。

觉知力与平等心

我曾询问过禅师，小孩子如果屡教不听，该如何止住怒火？禅师回答，孩子就像是小树苗，有的长得快点，有的慢点。他不会因为你的发怒，而改变成长的速度，反而对你产生怨怼，因为他懂事的时间点还没有到；而你因为生气，更伤了自己。

其实禅师这一席话，可以对应到我们生活上的种种。内观在生活中的应用，就是觉知力与平等心。觉知力是在愤怒的时候，察觉到自己是愤怒的，了解人生的无常，心便得以平静；在失望的时候，察觉到自己的难过，了解事情的不顺遂，是因为时间未到，心便得以安详。平等心是以充满爱与感恩的慈悲心，面对与接受乍现的万事万物。当心以最柔软的姿态对应周遭的一切，人生的挫折与苦恼都平常心以对；而对于高于预期的成就与喜悦也能以平等心面对，认知这一切都将升起与灭去。心，就能始终保持在最平和的状态。心如果能够平和，则身体与情绪则得以透过修炼净化或适切的医疗逐步改善。

就我理解而言，侘寂对茶的三项追求是：第一项，自然，是对外寻找干净茶叶的渴望；第二项，残缺美，是对茶叶谦卑的学习；第三项，养身先养心，则是对自己内在的反省。侘寂，它没有尽头，我对侘寂的追求，也从未停歇。

自然环境孕育的碧螺春茶树，好不自在。

自然，是对茶叶的干净本质的渴望。图为四川蒙顶山茶园。

第六谈

一片茶叶里浓缩了茶树生长的一年间，所收受天气、地利、工艺等的信息，如果饮茶者能完全感同身受，则是天人合一的完美实践。

品味茶中的天、地、人

自然环境与万物生长息息相关。

　　有一回去新北市的空中大学以喝一口干净的茶为题演讲，台下满满的人群中有十多位白发苍苍的学员。演说开始前有一位同学提醒我这些是退休的茶业改良场员工，特别喜欢谈茶叶科学。于是开场时，我先点名其中的一位茶改场的前辈，请教他："您认为科学可以解释这个宇宙中百分之多少的事物？"

　　回忆起物理系毕业的我，在初入茶界时逢人必谈科学，因为不希望让读者落入茶学是玄学的泥沼，于是本书大量引用医学与物理学的知识铺陈相关的论述。科学强调可以重复验证的数据，任何单一事件只是偶发。茶界在茶叶营销上其实有个普遍的期许，是将茶如同咖啡般能数据化地推广至全球。然而当我越深入茶的内里，越发觉科学能涵盖的范围有其局限。物理学定义科学能解释的部分称为明物质，占 4%，其他 22% 为暗物质，剩余 74% 为暗能量。而经络能量属于暗能量。

　　这位前辈回复科学可以解释的部分为 70%，其余大部分茶改场的前辈也都认为高于 50%，没有人料到只有 4%。残酷的事实是，科学界对于高达 96% 的宇宙，完全一无所知。许多茶人与前辈致力于茶叶化学的分析与行茶标准化的探讨，这些的确有助于茶叶的推广，但也只能触及茶世界全貌的 4%。另外的 96% 则需仰赖饮茶人自身向内的探索。

以自然为度的品茶法

第四谈所探究的内观呼吸法中的觉知力开发，是取得"以心品茶"的入场券。然而更深层的向内探索以感知茶叶的内质，则需要将心灵无限靠近自然的修炼。靠近自然的修炼，指的就是真、善、美的实践。对于真、善、美的实践，不停留在表面的意义。真爱无私，以无私无我的精神诠释"真"；上善若水，以柔软不争的姿态行诸"善"；变化最美，以接受无常的世界中的顺境与逆境来理解"美"。因为并非一蹴而就，在日常中逐渐地透过心的修行让自己的身体与自然同步，并把品出茶中多少细微的信息作为印证自身进步的标尺。

想象自己是一棵茶树，生长环境中经历的天、地、人各要素，举凡天气的变化，土壤的污染，人为的生态管理等，如果身为茶树必然知之甚详。如同人们对于着凉感冒、天热中暑这些天气的因素导致的微恙：天；海鲜过敏、腐食腹泻这类食物不洁导致的不适：地；以及满载爱的妈妈味让料理充满温情的例子屡见不鲜：人。既然身为人能感受到天、地、人三要素对身体的确切影响，身为茶树当然也能感觉得到。而对于有志于向内探索 96% 那科学未知世界的人，透过修行让身心与自然合一时，由于能感同身受茶树所觉知的凝滞，让探讨凝滞是因何而起一事，显得不那么遥不可及。

❮ "天"的凝滞 ❯

农耕社会常祈求俗语中的"风调雨顺"，其原意为天候状况适合农作物的生长。那如果风不调、雨不顺呢？当干旱时，农作物吸收不到水，茶树也会干渴难耐。有一回一位专营千年古树普洱茶的朋友来找我，介绍了他自 2014 年起，承租了十年的云南景迈野生千年古树茶区的生茶。我事前听说这位茶商朋友有一个奇怪的举动，

干涸的土壤会让茶树吸不到水，如果茶树觉得口渴，人在饮用自该茶树采摘的茶叶时也会觉得渴。

喝了几泡茶后，会再喝几口随身带来的瓶装矿泉水。

喝茶不是很解渴吗？为什么需要再喝水？我从喝了他的第一款茶后便明了，答案不言自明，喝茶喝到极度口渴，是因为茶树生长过程中吸不到足够的水。而一旦土壤缺水，受到影响的不会是单株的植物，而是整个片区的茶树都极度口渴。天人合一并非想象，很多人都有这方面的体感，只是很少人明白其间的关联并点出这个道理。

另有一款高黎贡山的野生茶，两三杯下肚后，整个头的上半部会有明显的凝滞感。求证茶农后才了解因为当年该地区因突然暴雪而冰封急冻，茶树承受不了温度骤降，所以冻伤了，而无可避免地让喝茶的人，有如茶树置身于生长地般的急冻体感。这如同冬季时如果温度逐日递减，人体也能逐步调整，但许多人也有寒流来袭时温度骤减、身体冻坏的经历。

还有一次造访武夷山茶农，他所做的一款白茶，因为采摘隔日连续几天大雨，当时茶场的烘干设备未完成，只好就摊晾在山上的棚子里。结果走水不完全，等到太阳出来后才全部晒干。但是品饮时总觉得肺叶积水似的，肺活量的舒张度受到抑制。这位茶农当年做的岩茶，也发生类似的体感，就算隔年后焙火多次，外观上明明茶叶非常干燥，但是品饮时依旧发生与上述白茶雷同的肺积水的体感。

是一款以"天"的信号凝滞的茶，会悄悄地在身边细语，告诉我们如果是采收当年干旱不雨，我们也会口干舌燥。如果是急冻冰封，头部会凝结紧滞。如果在茶叶制作过程中下雨又未及时烘干，走水不利，肺会如同积水般紧结影响肺活量。

云南临沧的大雪山，高海拔原始森林中，分布了千年以上树龄的野生古茶树群落，目前是仅供植物学家研究的保护区。

《 "地"的凝滞 》

　　土壤提供了所有茶树所需的食物与养分，除了野生茶树纯粹吸取日精月华外，其他都取决于茶农的管理心态。单纯考量利益时，势必追求单位面积产量最大化，这时农药化肥是不可或缺的。适量的农药与化肥的施用，政府都有规范的标准，在标准值内时的确提供了相对的安全性。然而如同人生病时吃药，就算药品都已经过药监局的核准，但是，是药三分毒。何况给茶树吃的药，并非为了茶树的健康而设计，而是为了杀死吃茶叶的虫子。

地：土壤提供了所有茶树所需的食物与养分。图为老班章古树茶区之土壤。

　　对于虫子而言是剧毒的药，茶树吃了的话会有什么反应呢？记得农药在初期推广的 20 世纪 70 年代，卫生条件不是很好，许多人有头虱。坊间有一个流行的治疗方式，就是用农药洗头，说是杀死头虱最有效的方法，最后以讹传讹，不少人奔走相告。结果头虱是被杀死了，但是农药经由皮肤直接接触进入人体，却造成难以弥补的后遗症，更有人误用毒性强的农药洗头而造成多重器官衰竭。

　　为什么越来越多人喝到有农药残留的茶叶会锁喉、胸闷、胃痛？因为茶树在直接吸取农药后，其呼吸系统与消化系统都受到毒害。人们只是透过天人合一的觉知力复兴，与植物的感知同步而已。

在要求产量与防治虫害中为难的茶农，让农药成为自己不可或缺的"朋友"。

那有机茶就安全吗？有一回拜访福鼎的茶农，他拥有六处的有机白茶茶园。由于 2017 到 2019 年地方政府为鼓励有机耕种，发放免费的有机肥，并派了空拍机估算了相关面积，结果只核准了四处茶园的免费发放。茶农先让我试了这四处茶园的茶样，依据体感不适的程度与经验，我告诉茶农这批茶的有机肥含有无机的成分。在有些国家，有机肥中含有一定的无机比例是被认可并规范的，但如果有机肥的制造商为了利润牺牲质量，又是另一回事。

茶农这才告知他自己对政府发放的有机肥品质也有疑虑，有机肥初次到厂里时他开封水洗，发现有一股异常的臭味。他随即再拿出第五款茶样给我试，我表示不适感降低了许多，但直到第六款茶样才得到我的全面认可。这第五款茶是来自茶农自己掏腰包购买品质较佳的有机肥施作的茶园，而第六款则是采用自然农法且仅一年一采，所有的肥料来自茶树所修剪的枝叶。

一款"地"的信号凝滞的茶，如果让饮水线的喉、胸、胃产生紧滞的、雷同于农残的体感，但却未发生头疼与两手无力，则可能是林地、水源污染，甚至是酸雨或雾霾带来的影响。至于有机茶，因为仍有不同认证机构对安全系数的标准不同，有志者可以回到农药超标的茶叶与野生茶对比的品饮练习，逐渐培养自己对安全等级的辨别能力。

◖ "人"的凝滞 ◗

以情绪识别茶品的良莠是最高级的品茶方式之一。茶树是有灵

人：制茶师傅内心的平静与否，都可能注入于茶品中。

性的，特别是过百年树龄的茶树，在云南随处可见。茶树在生长过程中如果舒心，品饮者会在饮茶时同步感受到喜悦。在天与地之外，人对待茶树的方式包括采摘与制作工艺，将决定一款茶最终的表现。

　　有一次去云南邦东寻茶，当地的茶农就告知 300 年以上的古树茶，80% 都有被砍头（矮化）的现象。早年的茶农为什么会将茶树矮化？不外乎是笃信矮化后的茶树，枝叶会横向地茂密生长，可以采收更多的茶叶；以及茶树太高需要爬树作业，矮化后更方便采摘。假设有人行走在马路，被突然冲出来的暴徒拿开山刀砍断手臂，他在余生只要周遭有任何风吹草动，必然惊恐不已。茶树无法行动、不能说话，却不表示没有感情。被砍头的茶，会有惊恐的情

道法自然。一口让身心都无凝滞的茶，就是符合天、地、人高标的完美茶品。

绪反应，也可能让品饮的人感同身受。

另一回去武夷山品到一款红茶，总觉胃的上端有凝滞感。询问后得知因为市场追求轻发酵的口感，所以在制作工艺上刻意降低发酵度。我观察汤色与口感表现，该款红茶发酵度只有 50% 左右，严格来说并不能称为红茶。当发酵的工艺不到位所产生的凝滞，也可以归类于人的问题。

是以一款"人"的信号凝滞的茶，给予我们机会深探自身更细微的包括情绪的肉体信息。如果制茶师傅内心不平静，该情绪将注入茶品。如果人为将千年古树砍头矮化，惊恐的信息将沁入品饮者，使之心神不宁。如果工艺上的发酵不足，则会导致胃气阻滞。

天、地、人凝滞信息的鉴别，是以茶为名义的修行方式，以能喝出多少茶叶问题是来自天、多少来自地、与多少来自人，作为个人之天人合一程度的指标。一片茶叶里浓缩了茶树生长的一年间，所收受天气、地利、工艺等的信息，如果饮茶者能完全感同身受，则是天人合一的完美实践。

个人修为的高低能对应到茶叶问题的分辨能力，并作为天人合一程度的指标。

第七谈

能在精神层面上去认识一款茶，才能真正理解生长环境对茶树健康的关键影响，也唯有身、心、灵都健康的茶树，才能产出令人在各个层面都愉悦的最高茶品。

与树沟通

植物学家曾做过一个实验，在预知蝗虫来袭的前一天，先在一片树林中大面积地模拟蝗虫啃咬树叶的痕迹，隔天惊讶地发现这些事先被啃咬的树木，对整个区域的树林发出警告信号，让这个片区的每一株树发出难闻的气味，竟让蝗虫不愿靠近而躲过一劫。

"植物会说话"的科学研究

2021年英国广播电台BBC的记者巴拉纽克在专栏《植物会说话？》中，报道了西澳大学（University of Western Australia）的加利亚诺所发表的一系列论文，表明植物有能力进行交流、学习和记忆。在2017年的一项研究中，加利亚诺记录了植物能够通过根部感知水振动的声音，这可能有助于它们在地下生根。

早在2012年发表的一篇引用率颇高的论文中，加利亚诺就描述了从植物根部检测到的咔嗒声，并表示在非实验环境中，她听到植物用语言与她交谈。她说这种经历"超出了严格的科学领域"，第三方观察者无法用实验室仪器测量她听到的声音。但她很肯定，她已经感觉到植物多次与她交谈。

英国杂志《连线》曾经报道生态学家卡尔班发现，长在山坡上的山艾树会用语言互相沟通。而在学习了这种语言之后，卡尔班居然听懂了植物之间的"谈话"。卡尔班曾做过大量的研究，来探究植物是否会发出、收受和诠释信号。他的48项研究中，有40项成功侦测到植物发出的信号，发现植物在面对攻击时，会使用它们的

主张「物竞天择」的达尔文，也是一名重量级的植物学家，认为人们应将植物视为有智能的生物。

化学武器，体内分泌出化学物质，或其他防御机制作为回应。

20世纪60年代，美国中央情报局的测谎专家巴克斯特在研究中发现，植物是有感情的，甚至还具备一些超越人类的感知功能。在实验中巴克斯特把测谎仪连接到植物上，在大量且反复的测试中研究植物的反应，发现植物像人类一样会兴奋也会恐惧。有一次巴克斯特想用火烧植物的叶子，当他在心中这么一想，记录仪就不停地上下大幅度地扫动，植物竟然在他仍在计划的时候，就已经知道他的意图了。植物居然有着与他心通的能力，知晓人类的心理活动。随后他取来火柴，在刚刚滑动产生火光的那一瞬间，记录仪上再次出现了明显的变化，燃烧的火柴还没有接触到植物，记录仪的指针已经剧烈地扫动了。甚至记录的曲线都超出了记录纸的边缘，植物出现了极为强烈的恐惧。而当他只是假装做出要烧叶子的假动作时，植物却没有反应，显然植物还具备分辨人类真假意图的能力。巴克斯特再对香蕉、洋葱、橘子等25种不同的植物与果树进行实验，竟然得到相同的结果。

植物神经生物学研究的创始者、意大利佛罗伦斯大学（University of Florence）教授曼库索，在其拥有全球19国语言译本的畅销书《植物比你想的更聪明》中，发表了植物不仅具有视觉、嗅觉、味觉、触觉与听觉，能运用电信号、液压信号及化学信号传递不同部位间的信息，还会以实实在在的"语言"来与其他植物进行沟通。书中还小心翼翼地借由以"物竞天择"震古烁今的达尔文的研究，展开一段植物具有智能的阐述。曾有六大册及其他近70篇关于植物专论的达尔文，认为人们应该将植物视为有智能的

达尔文于 1880 年提出"根脑假说"，认为树木数量庞大的根尖，能组成一部超级电脑及互联网与其他动、植物进行交流。

生物。1880 年他在其巨著《植物的行动力》中，大胆提出今日科学界广泛认可的"根脑假说"，也就是根尖有如同脑一般的，在接触到环境参数例如水源或灼热之后，有着对植物根系弯曲方向发号施令的能力（亲近或远离）。

曼库索教授进一步以多个角度的思考及实验，验证了植物会累积大数据资料库，而就连非常小株的植物，根部的根尖数都轻易达到 1500 万。根尖们如同组成一部强大的超级电脑以及互联网，拥有庞大的运算能力，用于觅食、竞争、自卫以及与其他动、植物交流。且根尖与根尖之间的交流并非沿植物内部传递，而是透过释放的化学信号，或者是已经侦测到的"咯哒"声以声波进行交流。所以"智能"并不是人类或高等动物的专利。

如何与树沟通

我在"觉知饮茶"的系列课程中，常提及最高级的品茶法是感受到茶的情绪。更精准的用语是在品茗时，将茶汤融入自己的身体，去感知喝茶后自身在情绪或身体上的反应，是愉悦、平静，还是不安、痛苦？这便是"天人合一"的品茶篇！此刻可以想象自己就是茶树，身上感受到的任何信息，不论好或坏，都反映了过去一年茶树生长的轨迹。此时市场主流喜好的香与韵，都不再是品赏的焦点，口感只是对茶初阶的了解。能在精神层面上去认识一款茶，才能真正理解生长环境对茶树健康的关键影响，也唯有身、心、灵都健康的茶树，才能产出令人在各个层面都愉悦的最高茶品。

学员们在与树沟通前，或许也会怀疑自己被封存已久的本能是否仍能开启？然而只要相信自己有与万物沟通的能力，心灵的那一扇窗一旦被开启，迎来的将是不可思议的世界，一个万物皆有灵的灵动世界，一棵七八米高的大树都可能具有人类之上的智慧世界。

当大家在品茗时，是否曾经关切过茶树生长的环境，茶农的茶园管理方式，所施用的肥料等，对茶树可能产生的正面或负面的影任何一株高达七八米以上的大树，都可能具有不容小觑的智慧。

响？是否愿意给自己一个机会去认识万物皆有灵，并非遥不可及的议题？是否愿意去相信茶树有情绪，有自己的好恶，也有对于无污染的自然环境的追求？

传说伏羲氏时代没有语言文字，人与人之间的沟通靠的是心通，也就是人透过心念的频率，可以直接感受到对方所想表达的意念。而八卦就是在这样的时代背景下由伏羲氏所创。时至今日，西方有读心术，东方有他心通，这些超乎科学理解范畴的现象，如实地在东西文化的诸多领域中开演。

我在武夷山开启了一个"与树沟通"的课程。先是让大家品饮两款安全性对比差异颇大的茶品，然后带学员分别去到这两片茶园进行与树沟通。许多人问我，人如何与树进行沟通？我的简答是，只要调到树的频率，就能与树沟通了。实践上首先是在沟通前让自己完全地放松，除去一切杂念，再来对着树伸出右手掌心向上，先是口中以爱祝福着树，然后想象自己就是一棵同种的树，以右手触摸着树叶、树枝或树干，将自己融入树里去感觉树的脉动。这时可以对树进行发问，例如"您觉得快乐吗？"或者"您有什么话要对我说的吗？"回忆自己在此前喝茶时感受到的树的情绪，可于该茶叶被采摘的茶园现场，对树表达关心或提出疑问。

不要有任何预设立场，只是用自己的身体与心理去感知树的回应。在链接了树之后身体所产生的不适或舒畅，都可能是树传递来的信息。如果对是否只是自己的心理暗示而感到怀疑，可以将手放开归零后再次触摸连结，以确认是否是树传给你的信息。

在沟通过程中另外一个分辨到底是自己的妄想，还是树所传来

摒除杂念，伸出右手触摸着树枝或树叶，开启一扇与树沟通的窗。

信息的方法，是透过信息内容的解读。如果得到的信息超过了自己的智慧，就可以确认并非自己想象出来的。在自行练习与树沟通的过程，建议找高七八米以上的巨木或树龄过百的大树，它们通常具有更高的智慧。有一次在深圳早起运动时与一棵高 8 米、枝繁叶茂的榕树沟通，请教它壮硕的秘诀，它表示只是想多伸展枝干，让树叶茂盛以遮蔽烈日，让更多的人能在树下乘凉歇息。原来是它单纯的慈悲心让自己得到了天地的祝福，成就了他人也成就了自己。

这让我想起台湾已故法鼓山创办人圣严法师在其纪录片《本来面目》中，表示自己从未想要成就一番怎样的事业，只是想做好一个和尚该做的事，甚至在 50 岁时流落纽约街头，与自己唯一的徒弟餐风露宿，到了冬天还常常一天只有一餐，只期盼能活着过冬。但凭借着自己普度众生的弘法心愿，终于成为了世界宗教领袖。

❙ 首次体验"与树沟通"者的反馈 ❙

我在武夷山让学员在品赏及比对两款不同的茶品后，随即带大家前往茶园印证在茶汤所喝到的感受。一款是施用了大量农药及化肥的品种黄旦，一款是土壤未曾用过一滴化学药剂的有机白鸡冠。

这个对照组的设计是我的精心挑选，先是在茶室里自数十款茶农的茶品中挑出两款茶。黄旦是我在试茶的过程中，便感受到情绪上的悲凉、压抑，一副生无可恋且自怨自艾的茶品；而身体上的头疼头晕、胃肠收缩、恶心、四肢无力的感受，都直指茶园必然施用重度农药及肥料。茶园现场可谓惨不忍睹，刺鼻的药味、营养不良

黄旦茶园旁随处可见的被随手扔下的农药与化肥的袋子。

的叶片，举目皆是苦情的缩影。

　　白鸡冠则在饮后呈现了欢愉的情绪，一股雀跃不已的光明感袭来，让人不由地想向旁人分享喜悦，展现发自内在的松弛感；身体上除了岩茶独有的热气环绕，胸口则充盈着清凉感，茶树势必在一个得天独厚的环境下生长。我到了茶园的现场与茶树沟通时，甚至感受到茶树像极了一个活蹦乱跳的青少年，调皮又充满好奇，长得舒心又自在。

黄旦与白鸡冠茶园的比对

我本来怀着忐忑的心情带着大家进行与树沟通的体验，不知道是否对首次与树对话的人而言要求过高了，结果意外地发现每个人都将潜藏的本能发挥得淋漓尽致。以下是不同学员在茶园现场初次与树沟通的心得：

○ 黄旦的生长地，感受到茶树像居住在充满脏乱差的恶劣环境，它们有不满与委屈，能量很低；但是黄旦旁边的小野花倒是很轻盈、舒服。

而白鸡冠像生活在明亮舒适的精装房，感受到它们的满足。最深刻的是在茶园边上与竹子的对话，刚开始是用的左手，明显感受到阻碍感与不流畅，当换成右手，能量马上流动起来，竟然捕捉到不同竹子情绪也不同，有委屈的、有高傲的，甚至有悲伤的，最后还与它们的韵律同步，感受到竹子的韵律与自己的脉搏一致。

○ 一走进黄旦的生长地，就闻到刺鼻难闻的气味，皮肤也开始发痒，感受到茶树的不适、无奈、无力、心酸；但一旁的小草与野花明显是自由轻盈的，安住的生长。与一棵茶园旁的大树对话时，突然脚踝很痛，借由这个感受，发现这棵树的树根是受损的，不能好好扎根。另外，还被一株桂花树召唤，它诉说着愿意分享自己的花与种子。

而白鸡冠旁边的一朵桃花也呼唤着旁人的目光，大声喊着自己很美，但不想被采摘。还感受到白鸡冠觉得很满足，认为每年被采摘一次是应该的。

在黄旦茶园的现场，感受到茶树的悲伤与呐喊。

不同竹子有着不同的情绪。一旦掌握了与树沟通的技巧，便从此开启了一个崭新的世界观。

○ 在黄旦的生长地就觉得手脚都很疼痛、心也很痛，还有眩晕的感觉，特意换到被阳光照耀到的地方，但还是同样的疼痛感。最后改为与大树对话，不舒适的感受才被转换了。

白鸡冠的生长地气流通畅，非常舒服，觉得茶树被安置在了最好的宝地，被照顾得很好，由此关联到"财"，觉得"财"也是风水，是连通的。以往自己是绝对的唯物主义，对这类感知的触及是嗤之以鼻，甚至是抵触的，而此次课程几天下来的感受，觉得谈及这类感知，完全不牵强，有了全新的体会。

○ 握住黄旦叶片时，突然有种超出预期的情绪涌现，是一种突如其来的悲伤，以至于眼泪要流下、眼眶湿润了，头脑此刻还是冒出了质疑"怎么会这样"？而身体是如实的，最终明白了，这是对应到茶汤给出的信息：一股深深的不安、沉重，以及不由自主叹气的悲伤。

而白鸡冠的生长地，则是截然不同的明亮与欢快，感受到茶树们愉悦与喜乐的心情，最好的山头、最美的阳光都被它们所拥有，阳光和煦、如沐春风。

○ 与树沟通时，从旁观到链接，从好奇到感同身受，隐隐约约感受到万物有灵。聆听到树的诉说或明示或隐喻或点化。树是有智慧的，在吸收天地灵气和日月精华的日子里，更经历了风霜雨雪、雷电等的自然界的磨练。但是树依然顽强地生存，无论是人为的破坏还是大自然的摧残，树在有生之年顽强不屈。与树沟通时能从感知中得到些许人生的答案。

与树沟通会不会很难？我在广东惠州拜访了一位露营地的主理

在白鸡冠所在的茶园中，感受到茶树的愉悦与活蹦乱跳的青春气息。

人，因为本来就打算利用营地进行与树沟通的后续课程，就一时兴起带着主理人做了她的沟通初体验。在没有上课暖身的背景下，没想到她精准地感知到营地的树的闷闷不乐，以及竹林里竹子的轻松舒畅，恰恰验证了每个人与万物沟通的天赋本来具足。既然如此，所有爱茶人又为什么不踏出第一步，给自己一个重新认识万物的契机呢？

一杯茶的大同世界

　　一杯茶，可以只是解渴，如同便利超市的罐装茶饮。一杯茶，也可以是热情的召唤，包括台湾中、南部与广东潮州，都还保有相当好客的习惯，"吃茶哦，吃茶哦！"是进门常听到的招呼语。一杯茶，它是陌生人与熟识者沟通的桥梁，在同一个场景与同一款茶的味道中进行交流。一杯茶，它幻化为一场丰盛的茶宴，令人食指大动。一杯茶，可以是声光效果十足的剧场，让人没有距离地进入茶的氛围。一杯茶，也可以是事先安排的一场心灵之旅，在特定的效果下得到启迪。这，是生活，也是茶文化。

　　环绕在我们身边，每天发生的事物，只要与茶相关的，都会是往后历史记录时，属于这个时代的茶文化。茶，它自古便是全球贸易的极品，甚至间接促成美国大革命。同一款茶，它轻易地漂洋过海，呈现在不同国家、不同口味的人群面前。你我，虽处在不同的城市，对茶的交流因为科技而能突破传统的局限。信息，也因为科技的便利而无处不在，只怕没有时间消化。今天，全世界对茶的疯狂，到达历史的高点，也将如实被记录为茶文化篇章的一部分。

一朵花见世界，一杯茶见大同。

一杯茶，它并没有特定的喝法，也没有标准，因为每个人的喜好不同。但茶，它丰富的变化，确值得被分析与介绍。与身体生理对应的关系，值得更清晰地被呈现。茶，因为拥有自身的生命力，所以对它深度的探讨，可以进行一辈子。

　　一款茶，从采摘完成、制作保存，到开封呈现在茶桌前，这是茶的一场生命之旅。而当它进入到茶壶，准备注入热水的那一刻，不是它生命的结束，而是延续。它所展开的，是一场人从味觉、身体感受到心灵层次的探索之旅；也是一场对于美学的学习之旅。味蕾上音符的跳动，口腔、鼻腔立体空间的穿梭，令人流连忘返。

　　记得小时候跟着爸爸喝茶，觉得茶好苦，难怪叫做老人茶。二十岁那年，在机缘下拿到一罐当时全省比赛冠军的东方美人，唇齿留香久绕不去，蜜香与花香既争宠又共舞。爱茶的临近宿舍学长在喝过一次后，技巧地当我的面，暗示性地表示还想再喝，就问我身旁的同学说："欸，那款茶你有没有喝过？"我都假装没听到。这个味觉记忆，成为我喝茶的启蒙，以及永恒的回忆。

　　茶的美，存在于茶的自身，也存在于服务它的载体。从一个简单的盖碗，几个茶杯，到整个茶席，甚至茶室的布置，为的是从不同的角度进入这个美的世界。美得简朴或华丽，取决于个人的修为。侘寂如果是终点，我们从起点开始朝圣，也是成长的历练。当一款茶，自味觉、口腔、鼻腔的理解，到身体的层次。一个代表养生意义的旅程，才刚要开始。身体对茶的品鉴，可以很理性，也可以很感性。

　　理性，是为了以科学的角度解释以往大家认为很玄的事物。我希望让更多人通过对自己身体的了解，发觉自身对于茶的感知其实潜力无穷。理性，也是提醒大家我们生存的年代，是一个人口爆炸的时代，与其相信街口的小店会如同自家的厨房，以新鲜的食材下锅、干净的油炒菜，还不如扎扎实实训练自己的身体，拥有分辨农药超标的能力。

感性，让我们认识到有许多茶农，秉持对这块土地的热爱，不计成本地投入有机农法的耕作。再透过自身身体理解的精进，也逐渐能分辨哪个商家，才是真正提供干净茶叶、能真心交往的福报之人。

当一杯茶，有机缘引领我们进入心灵的探索之旅，恭喜您！您的福报正要开始。每个人的内心，都潜藏着巨大的能量，等待我们去开发。以往都市人的忙碌，面对地球村生存的压力，时间，像是一个不容喘息的巨轮，不断向前滚动；禅修，则不再像是一个遥远的国度，可望却也可及。一杯茶，就能简单地带领我们进入静默的世界；呼吸，则是这个世界的入口。内观，让所有人在调息的当下，有机会领悟到文字没办法传递的智慧。

当因为爱茶、惜茶，而了解自然，也认识到我们只有一个已经满目疮痍的地球，无论士、农、工、商，都自觉地尽一分心力，延续它的美丽。善念，将是我们共同的语言，是对孕育我们大地的感恩，也是改变这个世界的能量，哪怕你我只从付出一点点开始。

"货恶其弃于地也，不必藏于己；力恶其不出于身也，不必为己。是故谋闭而不兴，盗窃乱贼而不作，故外户而不闭，是谓大

当一杯茶有机缘引领我们进入心灵的探索之旅，恭喜您，您的福报正要开始！图为我所设计，由陶作坊制作的联名款"转折壶"。

同。"孙文先生所推崇的《礼运大同篇》言犹在耳，也是一杯茶的
大同世界。